农作物秸秆综合利用技术

关金菊　杨士伟　郭继辉　刘杰鑫　主编

中国农业科学技术出版社

图书在版编目(CIP)数据

农作物秸秆综合利用技术 / 关金菊等主编. --北京:
中国农业科学技术出版社，2024. 3
ISBN 978-7-5116-6707-6

Ⅰ. ①农… Ⅱ. ①关… Ⅲ. ①秸秆-综合利用 Ⅳ. ①S38

中国国家版本馆 CIP 数据核字(2024)第 032533 号

责任编辑 张诗瑶
责任校对 李向荣
责任印制 姜义伟 王思文

出 版 者 中国农业科学技术出版社
北京市中关村南大街 12 号 邮编:100081
电 话 (010) 82106625 (编辑室) (010) 82106624 (发行部)
(010) 82109709 (读者服务部)
网 址 https://castp.caas.cn
经 销 者 各地新华书店
印 刷 者 北京富泰印刷有限责任公司
开 本 140 mm×203 mm 1/32
印 张 5. 75
字 数 160 千字
版 次 2024 年 3 月第 1 版 2024 年 3 月第 1 次印刷
定 价 38. 00 元

版权所有 · 翻印必究

《农作物秸秆综合利用技术》

编写人员

主　编	关金菊	杨士伟	郭继辉	刘杰鑫
副主编	黄韵雪	张　倩	韩　冰	陈　凌
	周　磊	蔡珊红	周　君	杨　洪
	梅文娟	刘　鸿	叶琴玲	王小燕
	李红俊	张　青	舒林英	
参　编	张顺繁	胡银丽	李红波	孙艺琳
	胡园园			

前　言

我国是一个农业大国，拥有非常丰富的农作物秸秆资源。开发和利用农作物秸秆资源和商品价值，不仅可以缓解农村在肥料、饲料、能源和原料方面的供应压力，有利于农村生活条件的改善和经济水平的提高，而且有助于资源节约型社会的构建，是实现农村经济可持续发展的必由之路。因此，对农作物秸秆综合利用技术的具体应用进行分析研究具有非常重要的现实意义。

本书共 10 章，内容包括概述、秸秆收集处理技术与装备、秸秆还田肥料化综合利用、秸秆能源化综合利用、秸秆饲料化综合利用、秸秆基料化综合利用、秸秆原料化综合利用、秸秆应用于环境污染治理技术、秸秆其他加工利用技术、秸秆收获贮运技术等，详细介绍了秸秆综合利用新技术和新方法。

全书内容丰富，数据翔实，具有较强的系统性、前瞻性和实用性，可以为进一步探索秸秆全方位高值化开发提供有益借鉴，也可以为秸秆资源的高效利用提供理论依据和技术参考。

编　者

2024 年 1 月

目　录

第一章　概　述 …………………………………… 1

第一节　农作物秸秆综合利用的主要途径 ……………… 1

第二节　农作物秸秆还田技术的应用价值 ……………… 2

第三节　农作物秸秆处理的发展对策 …………………… 3

第二章　秸秆收集处理技术与装备 ……………………… 5

第一节　农作物秸秆等生物质原料的收集与预处理 ……… 5

第二节　秸秆收获处理设备 …………………………… 11

第三章　秸秆还田肥料化综合利用 ……………………… 19

第一节　秸秆还田机械化技术 ………………………… 19

第二节　秸秆堆沤还田技术 …………………………… 29

第三节　秸秆生物反应堆技术 ………………………… 35

第四节　秸秆覆盖还田保护性耕作技术 ………………… 40

第五节　秸秆生产商品有机肥技术 …………………… 43

第四章　秸秆能源化综合利用 ………………………… 48

第一节　秸秆固体成型技术 …………………………… 48

第二节　秸秆制沼气技术 ……………………………… 56

第三节　秸秆热解气技术 ……………………………… 61

第四节　秸秆发电技术 ………………………………… 67

第五节　秸秆生产燃料酒精技术 ……………………… 70

第六节　秸秆制造生物炭技术 ………………………… 73

第五章　秸秆饲料化综合利用 ………………………… 79

第一节　秸秆青贮技术 ………………………………… 79

第二节　秸秆微贮技术 ………………………………… 84

第三节　秸秆氨化技术 ………………………………… 87

第四节　秸秆碱化技术 …………………………………… 90
第五节　秸秆压块饲料生产技术 ………………………… 93
第六节　秸秆揉搓加工技术 ……………………………… 96
第七节　秸秆膨化饲料技术 ……………………………… 97
第六章　秸秆基料化综合利用…………………………… 101
第一节　秸秆基料化综合利用概述……………………… 101
第二节　秸秆栽培木腐生菌类…………………………… 104
第三节　秸秆栽培草腐生菌类…………………………… 113
第四节　秸秆植物栽培基质技术………………………… 129
第七章　秸秆原料化综合利用…………………………… 130
第一节　秸秆作为建筑材料……………………………… 130
第二节　利用秸秆砖的墙体结构………………………… 136
第三节　秸秆人造板材技术……………………………… 141
第四节　秸秆清洁制浆技术……………………………… 145
第八章　秸秆应用于环境污染治理技术………………… 150
第一节　秸秆制备生物炭………………………………… 150
第二节　秸秆生产环保草毯……………………………… 153
第三节　秸秆化学改性制备吸油剂……………………… 154
第四节　秸秆制备绿色环保抑尘剂……………………… 157
第九章　秸秆其他加工利用技术………………………… 159
第一节　秸秆编织技术…………………………………… 159
第二节　农业秸秆纤维加工……………………………… 161
第三节　秸秆生产工业原料……………………………… 165
第十章　秸秆收获贮运技术……………………………… 169
第一节　玉米机械化收获………………………………… 169
第二节　秸秆贮存………………………………………… 171
第三节　秸秆运输………………………………………… 174
主要参考文献……………………………………………… 176

第一章　概　述

农作物秸秆指各类农作物在收获了主要农产品后剩余地上部分的所有茎叶或藤蔓。秸秆作为一种可回收利用物质，对其进行有效处理，可以应用到农田中，作为肥料，改善土壤质量，为良好地培育农作物奠定基础。秸秆发酵处理或秸秆粉碎处理后，随意地埋在土壤中，经过一段时间的自然发酵，能够产生养料而被土壤吸收，从而增加土壤养分含量。

第一节　农作物秸秆综合利用的主要途径

一、秸秆综合利用的主要途径

一是作为农用肥料，秸秆通过机械粉碎或整秆直接还田，生产有机肥。

二是作为饲料，通过加工做成饲料，喂食牲畜。

三是作为基料，可作为菌类培养基。

四是作为工业原料，制造纤维复合材料、建材、酒精和一次性包装盒等。

五是作为农村新型能源，秸秆发电，发酵制成沼气，制成醇基燃料、秸秆颗粒燃料、秸秆捆状成型燃料等。

二、秸秆综合利用的具体分析

1. 作为农用肥料

作为农用肥料是秸秆主要利用方式。每到秋季，都会有大量秸秆通过机械粉碎深翻还田或是通过焚烧变成草木灰还田。

农作物秸秆还田是补充和平衡土壤养分，改良土壤的有效方法。

2. 作为饲料

秸秆富含纤维素、木质素、半纤维素等，属于粗饲料，直接喂食牲畜，营养价值低，数量有限，保存时间短。通过加工做成饲料，营养价值提高，保存时间延长，但是成本高。秸秆作为饲料只能处理掉一小部分秸秆，大量秸秆还需要采取其他解决方式。

3. 作为基料

秸秆用作食用菌基料大大增加了生产食用菌的原料来源，降低了生产成本。但存在技术条件要求较高、处理量有限的问题。

4. 作为工业原料

秸秆是高效且长远的轻工、纺织和建材原料，需要较高的加工处理技术，成本相对较高。

5. 作为农村新型能源

秸秆作为农村新型能源的种类层出不穷。可以利用秸秆制成沼气，供农村生活和蔬菜大棚使用；可以利用秸秆发电；也可以利用秸秆制成醇基燃料、秸秆颗粒燃料或是秸秆捆状成型燃料代替燃煤。

第二节　农作物秸秆还田技术的应用价值

农作物秸秆还田技术的应用价值表现在以下几点。

一、改善土壤养分含量

在环境温度适宜的情况下，农作物秸秆还田后，秸秆经腐解能够被土壤中的微生物分解，从而释放出有机营养物质，提高土壤中的有机物含量，所以秸秆还田能有效提高土壤中的养分含量，同时减少土壤的容重。在改善土壤养分的基础上改善土壤状态，对土壤中的水气条件起到了良好的调节作用。据了解，一个地块连续多年应用秸秆还田技术，土壤中的养分含量可以大大提高，农作物生长势态也会更好，有机物含量增加0.07%左右，速效钾增加8mg/kg左右，有效磷提高2mg/kg，这些养分含量的提高给农作物提供了更优渥的生长条件，提高了农作物生产的经济效益，还能解决秸秆焚烧带来的环境污染问题。

二、减少病虫害发生概率

合理应用农作物秸秆还田技术可以对土壤的物理条件起到改善作用，玉米、小麦等作物的病虫害寄生条件也能够得到有效抑制。有关数据表明，蝗虫害对玉米种植影响严重，发生率在2%~8%，而农作物秸秆还田技术的应用则可以有效控制虫害的发生概率及影响程度，危害性能减少50%左右，为农作物的生长提供稳定且良好的条件。

三、提高生态效益

对于传统农业种植模式来说，农户经济条件改善，不再依赖秸秆作为燃料，而秸秆还田技术的应用则有效解决了秸秆处理难的问题。秸秆还田在避免秸秆随意腐烂污染水源，以及焚烧处理污染空气的同时，也避免了大量堆积带来的运输投入及对交通带来的影响。在环境保护方面，秸秆还田技术更有利于农业的长远发展，并且提高了农业生产的生态效益。

第三节 农作物秸秆处理的发展对策

一、积极构建产业化创新及服务体系

可以利用网络，搭建由多部门协作的秸秆收集处理推广平

台，充分发挥出农机、农业、畜牧、能源等各部门作用。通过以市场为导向，以科技为依托，形成企业牵头，农户参与，县、乡镇监管，市场化推进的秸秆收集处理体系与物流体系。这样，才能推进秸秆处理产业化的进一步发展。条件允许的地方，可以建设专门的秸秆储存基地，用以应对市场的余缺。同时，要积极利用农机购置补贴政策，选择种植规模较大的农区作为主要的推广地区，成立秸秆收集处理示范区，并加快相应的配套建设，比如成立乡、村秸秆加工饲料配送中心。此外，还要积极推广“基地+公司+农户”的模式，成立秸秆收集处理合作组织，生产品种优良的饲料。还应积极鼓励农机大户成立专门的流动性服务点，专门用于提供秸秆收集处理服务，方便广大农户对秸秆的加工需求。

二、抓好相关的技术宣传和引导工作

要积极开展各种形式多样、内容丰富、贴近实际的宣传活动，向广大农户宣传秸秆收集处理的意义，并经常开展相关的技术培训、现场演示等活动。还可以借助新闻媒体的力量，进一步提高大家对秸秆收集处理的认识，自觉遵守禁烧秸秆的要求。各地还应根据发展高效生态农业的要求，加大对农村基础配套设施的投入与建设，如农业示范区耕地、道路、水电、机库、油库等配套设施，为实现秸秆资源化利用奠定良好的基础。

三、重视示范推广工作

为了让农户更好地配合秸秆收集处理工作，可以通过树立典型人物，设立示范点，让事实说话，使农户真正体会到其中的好处。同时，还要注重引导，以点带面，让农户向榜样学习，学习好的经验与做法，从而提升农户的环保意识。地方政府还应确定关于秸秆收集处理的年度目标与工作方案，加强各部门的协作，通过齐抓共管、通力合作，保证秸秆利用成果的大力推广。

第二章　秸秆收集处理技术与装备

第一节　农作物秸秆等生物质原料的收集与预处理

一、秸秆的收集

目前，农作物秸秆等生物质原料主要是靠人工收集的方法获得。原料的收集方法与途径直接影响着成型燃料的生产成本。因此，在确定最终燃料价格时应设定一定的比例，也就是按原料的品种、质量以及获得的难易程度，定出不同的生产规模，利用等价交换的方法鼓励生产者提供充足的原料。

在农作物收获时. 农作物籽粒随同秸秆一起运回打晒场地。经人力或机械对作物脱粒后，将秸秆码垛堆放，这主要适用于水稻、小麦秸秆。对玉米秸秆的收集，则是在大田里将玉米棒收获后，再将玉米秸秆收割后运回，由农户进行封存堆放。也可采用联合收割机收获籽粒，将农作物秸秆用运输工具运回存放场地。

农作物秸秆等生物质原料的收集具有以下特点。一是收获期短，尤其是对于两季种植的地区，需要及时收集，以便翻整耕地。一般仅有 20d 左右的时间。二是堆积密度小，要求储藏空间大。三是易霉变和引发火灾。四是分布广且分散，由于我国的农村制度，秸秆等生物质原料分布广且分散，不容易收集。

通常采用以下两种收集模式。

1. 集中收集模式

集中收集模式需要成型燃料厂具有较大的储藏空间。燃料厂将从农户收集来的秸秆等生物质原料集中储存在库房或码垛堆放在露天场地。要求对原料分类别、按工序堆放整齐，并能防雨、雪、风的侵害；为保证成型加工设备的生产效率和使用寿命，原料中不允许有碎石、铁屑、砂土等杂质，无霉变，含水量要小于 18%；还必须在原料场周边禁止烟火。要设置安全员，定时巡查原料场，及时消除火灾隐患，保持原料场消防车道的畅通和消防工具完备有效。

2. 分散收集模式

为了减少对成型燃料厂的建设投资，厂区储存秸秆的库房及场地不宜设置过大。大部分的秸秆原料应由农户分散收集、分散存放。应该充分利用经济杠杆的作用，将秸秆原料折合为成型燃料价格的一部分，或者采用按比例交换的方式，鼓励成型燃料用户主动收集作物秸秆等生物质原料。例如，可按农户每天使用的成型燃料量估算出全年使用总量，按原料单位生产成型燃料量折算出该农户全年的秸秆使用量，然后根据燃料厂对原料的质量和品种要求，让农户分阶段定量向燃料厂提供秸秆等生物质原料。分散收集模式的主要优点：一是减小了燃料厂对生产原料储存库房和场地的投资；二是因为农户向燃料厂提供的农作物秸秆等生物质原料，可以按比例交换，相应降低了燃料价格；三是分散储藏作物秸秆可减少火灾发生的可能性。

这种收集模式存在的问题：农户各自储存秸秆等生物质原料，会造成在农村居住区内无序堆放，不便于统一管理；影响成型燃料生产规模扩大和产业化发展。

在农作物收获时节，如稻草、麦秸及棉秆等秸秆可以使用打捆机进行收集与处理。打捆机自动完成小麦、牧草等作物秸秆的捡拾、压捆、捆扎和放捆一系列作业，可与多种型号的拖拉机配套，适应各种地域条件作业。

二、秸秆清洗处理

人们在很早之前就已经知道，秸秆放置于农田一段时间经雨淋之后，其中腐蚀性的物质（如氯化物及钾）的含量会降低。与“黄色”秸秆相反，由于“灰色”秸秆中腐蚀锅炉壁面和管道表面的部分物质被清除，更适合作为锅炉燃料，而且“灰色”秸秆热值比“黄色”秸秆的热值高。

秸秆清洗、烘干及浸泡所造成的热量损失约占秸秆热值的8%。由于解决了腐蚀问题，上述费用可通过延长锅炉寿命得到补偿。同时，被清洗后的秸秆灰中不包含碱盐及其他杂质，可作为建筑材料的原料。

三、秸秆的干燥处理

干燥技术是一个典型的多学科交叉技术领域，涉及传质传热学、流体力学、工程热力学、机械学等学科。原料的干燥机理是利用热能使原料中的水分气化，并将产生的水蒸气从原料中排出的过程。其实质是将原料中的水分从固相转移到气相的过程，其中的固相即为被干燥的原料，气相为干燥介质。

1. 生物质原料的干燥特性

生物质原料具有如下干燥特性。

（1）生物质原料挥发分含量较高，易分解，干燥过程中自身温度不能超过 150℃，且干品易燃。在正常大气条件下，玉米秸秆的平衡含水量低于 10%，可满足一般工业利用的要求，因此干燥后的最终含水量可略高于所要利用的含水量。

（2）生物质原料的收获时间比较集中，不能久存，且数量比较大。粉碎后的原料易产生大量的粉尘，为了减少废气中的粉尘含量，干燥所用热气流的流速不能太大。

2. 影响原料干燥的主要因素

一般地讲，影响原料干燥的主要因素有以下几点。

（1）介质。在原料的干燥过程中，必须具有能够把产生的水分带走的因子，即介质。自然界中干燥且流动的空气（风力）即为干燥介质，在干燥设备内，干燥的热空气、蒸汽、热辐射等为干燥介质。为了将原料中蒸发出来的水分带走，必须配备抽风设备。

（2）热能。在原料的干燥过程中，必须提供充足的热能使原料中的水分蒸发。在自然界中，热能来自太阳能。在干燥设备内，热能主要来源于电能、机械能等。

对于生物质固体成型技术，原料的含水量很重要。若含水量过高，在加工过程中，由于原料温度升高，体积突然膨胀，易产生爆炸，造成事故；若含水量过低，会使分子间的范德华力降低，致使难以成型。因此，秸秆固体成型原料需要经过干燥处理，严格控制原料的含水量。生产试验结果表明，较理想的含水量为10%~18%。通过干燥加工作业，使原料的含水量减少到成型所要求的范围内。

3. 干燥两种方法

生物质水分变化范围较大，影响因素包括燃料种类、当地气候状况、收获时间和预处理方式等。依据是否使用热源，可将生物质干燥技术分为人工干燥和自然干燥两种方法。

（1）人工干燥。利用一定的干燥设备和热源，对生物质进行加热干燥的方法。可采用回转圆筒式干燥机、立式气流干燥机、流化床和箱式干燥器等干燥设备对生物质进行干燥，热源采用热烟气或水蒸气等。人工干燥不受气候条件影响，并可缩短干燥时间，但成本较高，一般应用于高附加值生物质的烘干过程。

（2）自然干燥。利用空气流通或太阳能对生物质进行干燥的方法。例如，农作物秸秆在打捆前，遗留在农田内，在日光下晾晒一段时间可以降低含水量。由于无须额外能源，自然干燥是一种比较经济的干燥方式。但是，自然干燥易受自然气候条件的制约，尤其在恶劣的天气条件下（如暴风雨），有可能会得到适得其反的效果，并且劳动强度大，效率低。

四、秸秆粉碎处理

（一）原理与方法

粉碎常用的方法有锯切、击碎、压碎与磨碎等。粉碎是利用机械的方法克服固体物料内部的凝聚力而将其分裂的一种工艺，即用机械力将物料由大块破碎成小块。选择粉碎方法时，首先考虑被粉碎物料的物理力学性能。对于特别坚硬的物料，击碎和压碎的方法很有效；对韧性物料用研磨为好；对脆性物料以锯切、劈裂为宜。在原料工业中，谷物原料以击碎及锯切为佳，对含纤维多的物料以盘式磨为好。

1. 锯切

利用两个表面有齿而转速不同的对辊，将原料锯切。工作面上有锐利切削角的对辊，特别适宜于制作面粉、粉碎谷物原料和颗粒破碎，并可获得各种不同粒度的成品，产生的粉末也很少，但不适宜用来粉碎含油或湿度大于18%的原料，这时会使沟齿堵塞，原料发热。这种粉碎机称为对辊粉碎机或辊式磨。

2. 击碎

利用安装在粉碎室内的许多高速回转锤片对原料撞击而破碎，利用这种方法的有锤片式粉碎机和爪式粉碎机，应用最为广泛。

3. 压碎

利用两个表面光滑的压辊，以相同的速度相对转动，被加工的原料在压力和工作表面发生摩擦力的作用下而破碎。该法不能充分地粉碎原料，应用较少。

4. 磨碎

利用两个磨盘上带齿槽的坚硬表面，对原料进行切削和摩擦而破裂原料。利用正压力压榨原料粒，并且两磨盘有相对运动，因而对原料有摩擦作用，工作面可做成圆盘形或圆锥形。该方法仅用于加工干燥且不含油的原料。它可以磨碎成各种粒度的成品，但含有大量的粉末，原料温度也较高。钢磨的制造成本较低，所需动力较小，但成品中含铁量偏高，目前应用较少。

（二）工艺流程

粉碎工艺流程主要包括粉碎、输送、调湿等，按原料粉碎次数可分为一次粉碎工艺和二次粉碎工艺。

1. 一次粉碎工艺

一次粉碎工艺就是用粉碎机将原料一次粉碎成可供成型用的粉料。该工艺简单，设备少，是最普通、最常用的一种工艺。该工艺的主要缺点是成品粒度不均、电耗较高。

（1）在粉碎工序之后，配备配料仓，它不但起着生产过程中的缓冲作用，而且可以短期维修粉碎前的工艺设备（含粉碎机），不会影响生产，发挥所有设备的潜力。

（2）粉碎单一品种物料，粉碎机工作负荷满、稳定，使粉碎机具有良好的利用特性和最佳的粉碎效率。

（3）此种工艺的粉碎机容易操作、管理方便。如果粉碎是按单一品种原料进行，其流动性好，不易结团，并易将喂入量控制在较稳定的范围内，管理工作也较简单。

（4）大型固体成型燃料厂，粉碎工段可配备不同类型的粉碎机，以便适应不同原料粉碎。例如，锤片式粉碎机与对辊粉碎机配合使用，以充分发挥各类机型的特性，降低能耗，提高产品质量和经济效果。

2. 二次粉碎工艺

二次粉碎工艺是弥补一次粉碎工艺之不足。在第一次粉碎后，将粉碎物料进行筛分，对粗粒再进行一次粉碎的工艺。该工艺的成品粒度一致，产量高，也节省能耗。其不足是要增加分级筛、提升机、粉碎机等，增加建厂投资。二次粉碎工艺又可分为单一循环粉碎工艺、阶段二次粉碎工艺和组合粉碎工艺。

（1）循环粉碎工艺。用一台粉碎机将原料粉碎后进行筛分，将筛出的粗粒再送回粉碎机进行粉碎的工艺。试验表明，该工艺与一次粉碎工艺比较，粉碎电耗节省30%~40%，粉碎机单产提高30%，因粉碎机采用大筛孔的筛片，减少重复过度粉碎，产量高、电耗小、设备投资也较省。

（2）二次粉碎工艺。经第一台粉碎机粉碎的物料进入筛孔分别为4mm、3.15mm、2.5mm的多层分级筛，筛出符合粒度要求的物料进入输送设备，其余的筛上物全部进入第二台粉碎机进行二次粉碎，粉碎后全部进入输送设备。这种粉碎工艺在欧洲一些国家使用较为广泛。

（3）组合粉碎工艺。用对辊粉碎机进行一次粉碎，经分级筛后，筛选物进入锤片式粉碎机进行二次粉碎。二次粉碎采用锤片式粉碎机，由于对辊粉碎机对纤维含量高的物料（如秸秆等）粉碎效果不好，而锤片式粉碎机对这些物料都容易粉碎。因对辊粉碎机具有粉碎时间短、温度升高慢、产量大、节约能耗的特点，它与锤片式粉碎机配合使用能取得很好的效果。

总之，二次粉碎均能获得粒度均匀、降低能耗的效果，尤其适用大中型成型燃料厂。

第二节　秸秆收获处理设备

一、打捆机的种类及使用

草捆的形状和尺寸一般可分为方捆（包括高密度的小草捆和大草捆）、圆捆（使用圆捆机）和密实型草捆，草捆的尺寸和密度依赖于所使用的打捆机。圆捆机的结构相对简单，体积较小，操作维修简单。但由于采用间歇作业，打捆时停止捡拾，生产效率低；捆扎的圆捆密度低，运输和贮存不方便；捡拾幅宽过小，约 80cm，如果在大型联合收获机收获后进行打捆作业，容易出现堵塞或断绳现象。方捆机由于所打的草捆密度比圆捆高，运输和贮存比较方便，可连续作业，效率较高。但其结构复杂，制造成本高。密实型草捆正处于研究阶段，没有投入实际应用。

1. 小麦秸秆打捆机械

秸秆打捆机械能自动完成小麦、牧草等作物秸秆的捡拾、压梱、捆扎和放捆一系列作业，可与国内外多种型号的拖拉机配套，适应各种地域条件作业，有圆捆机和方捆机两种机型。圆捆机由于没有打结器使其结构相对简单，体积较小，且价格较便宜，操作维修简单，但缺点是生产率低，因为是间歇作业，打捆时停止捡拾，捆扎的圆捆密度低，装运和贮存不太方便，捡拾幅宽过小，多为 80cm 左右。如果大型联合收获机收获后进行打捆作业，容易出现堵塞或断绳现象。方捆机由于所打的草捆密度比圆捆大，运输和贮存较为方便，可连续作业，效率较高，但由于其结构复杂，制造成本高，因而价格也高。目前市场上销售的打捆机多为国产机型；而国外进口的打捆机由于其稳定的性能、可靠的质量，在国内占有一定的市场份额，但其价格较高，目前主要应用于国有、集体农场。

2. 青贮型玉米联合收获机

青贮型玉米联合收获机是利用秸秆切碎装置将秸秆切碎后，通过抛射筒将粉碎后的秸秆集中到机械牵引（或随机跟随的挂车）的拖斗中，用于青贮。有牵引式、悬挂式及自走式 3 种，所有机型都采用对行收获。

牵引式的青贮型玉米收获机有 2 行的，如 4YW-2 型系列能一次完成摘取果穗、剥皮、集装和茎秆粉碎回收等多项作业。悬挂式的青贮型玉米收获机有 1 行、2 行两种机型，也可以实现青贮功能，特别是2行悬挂式青贮型玉米联合收获机，是最近开发的一种机型。利用新型秸秆切碎装置实现稻秆切碎收集。

3. 玉米秸秆收割机

近几年市场上推出一种玉米秸秆收割机，与小麦割晒机的构造、工作原理类似，一般与小四轮拖拉机配套使用，安装在拖拉机的前端，由拖拉机的动力带动两立轴旋转，由立轴下端的切刀将玉米秸秆从根部切断，然后由旋转的立轴上的拨禾装置将玉米秸秆输送到一侧铺放。作业时可带穗收割，也可人工摘穗后收割，一次收割2~3行，有的还兼有灭茬功能。该机配套8.8~15kW拖拉机，生产率为每小时7~15亩（1亩≈667m^2）。这种机械目前在农村较为实用，但工序简单，不能从根本上缓解玉米收获劳动强度高的问题，故推广范围受到局限。

4. 玉米秸秆青贮收获机

玉米秸秆青贮收获机与上面介绍的青贮型玉米联合收获机类似，只是这里介绍的是一种专门的秸秆青贮收获机械，不是其中的一项功能。这种机械也可称作青饲收获机，主要功能是将摘除果穗的玉米秸秆或专门用于青贮的玉米（带果穗），利用机械上的切碎装置将秸秆切碎后，通过抛射筒集中到机械牵引（或随机跟随的挂车）的拖斗中，用于青贮。这种机械在畜牧业发展很快的今天，其需求越来越迫切，市场前景很好。按照与动力的连接方式，有悬挂式、自走式和牵引式3种，悬挂式和牵引式与36kW以上拖拉机配套使用。按照机械收获秸秆的方式，又可分为对行收获和不对行收获两种机型。对行收获一般只能收获玉米秸秆，不对行收获机型在换装割台后，还能收获其他牧草。

按机具的生产能力又可分为低生产率机型，配套动力为13kW左右；中等生产率机型，配套动力功率为40~44kW；高生产率机型，配套动力一般在 80kW 以上，多为自走式机型，如，9QZ-2400 型青贮饲料收获机配套动力为 150kW。选择玉米收获机时，必须考虑制作青贮饲料的多少、对青贮饲料品质的要求、现有配套机具的多少及功率大小、青贮饲料收获期的气候条件等因素。目前，国内可供选择的玉米青贮饲料收获机至少有 8 种机型。从青贮技术要求而言，为确保青贮饲料质量，减少营养成分损失，应尽可能缩短青贮工艺过程，故选用高生产率的机型是比较合理的。

二、锤片式粉碎机

锤片式粉碎机一般由供料装置、机体、转子、齿板、筛片（板）、排料装置以及控制系统等部分组成（图 2-1）。由锤架板和锤片组构成的转子由轴承支承在机体内，上机体内安有齿板，下机体内安有筛片，包围整个转子，构成粉碎室。锤片用销子销连在锤架板的四周，锤片之间安有隔套（或垫片），使

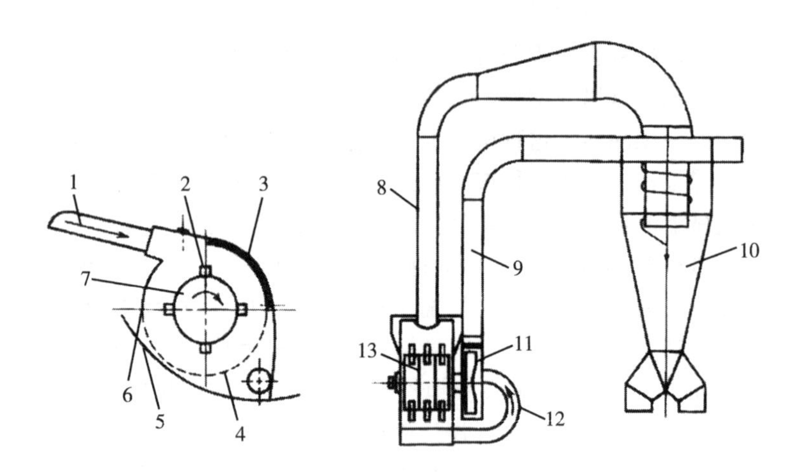

1. 喂料斗；2. 锤片；3. 齿板；4. 筛片；5. 下机体；6. 上机体；7. 转子；8. 回料管；9. 出料管；10. 集料筒；11. 风机；12. 吸料管；13. 锤架板。

图 2-1　锤片式粉碎机

锤片彼此错开，按一定规律均匀地沿轴向分布。

锤片式粉碎机工作时，原料从喂料斗进入粉碎室，受到高速回转锤片的打击而破裂，以较高的速度飞向齿板，与齿板撞击进一步破碎，如此反复打击，使物料粉碎成小碎粒。在打击、撞击的同时还受到锤片端部与筛面的摩擦、搓擦作用而进一步粉碎。在此期间，较细颗粒由筛片的筛孔漏出，留在筛面上的较大颗粒，再次受到粉碎，直到从筛片的筛孔漏出。

从筛孔漏出的物料细粒由风机吸出并送入集料筒。带物料细粒的气流在集料筒内高速旋转，物料细粒受离心力的作用被抛向筒的四周，速度降低而逐渐沉积到筒底，通过排料口流入袋内；气流则从顶部的排风管排出，并通过回料管使气流中极小的物料灰粉回流入粉碎室，也可以在排风管上接集尘布袋，收集物料粉尘。

三、干燥设备

1. 立式气流干燥机

立式气流干燥机由热风发生炉、进料装置、干燥输送管道、离心分离器及抽风机等组成（图 2-2）。抽风机将热风发生炉产生的热风吸入干燥管道内。同时，被干燥的原料也由加料口加入与热风汇合，在干燥管内，热风和原料充分混合并向前运动。在热风的作用下原料很快被加热，原料的水分散发，最后完成干燥。干燥以后的原料被吸入离心分离器，湿空气被抽风机抽出排放，原料经出料口排出。

立式气流干燥机由于原料在气流中的分散性好，干燥的有效面积大，干燥强度大，生产能力大，所以可以大大减少干燥时间。在干燥过程中，采用顺流操作，入口处气温高，能充分利用气体的热能，热效率高。另外，立式气流干燥机还具有设备简单、占地面积小、一次性投资少等优点，并且可以同时完成输送作业，能够简化工艺流程，便于实现自动作业。

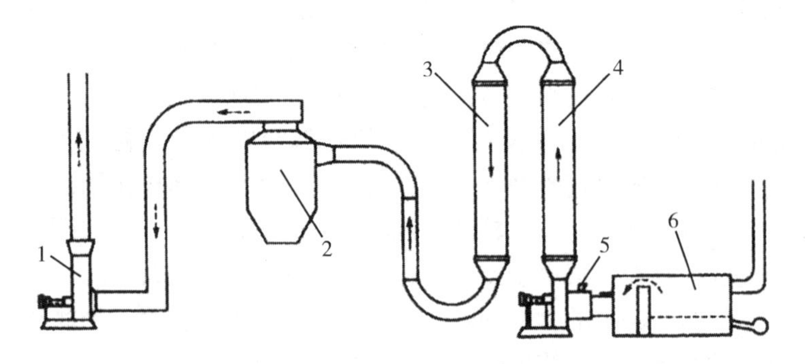

1. 抽风机；2. 分离器；3. 下干燥管；4. 上干燥管；5. 加料口；6. 热风发生炉。

图 2-2　立式气流干燥机

2. 回转圆筒式干燥机

回转圆筒式干燥机由热风发生炉、干燥筒、进料装置、出料装置和回转驱动机构等组成（图 2-3）。

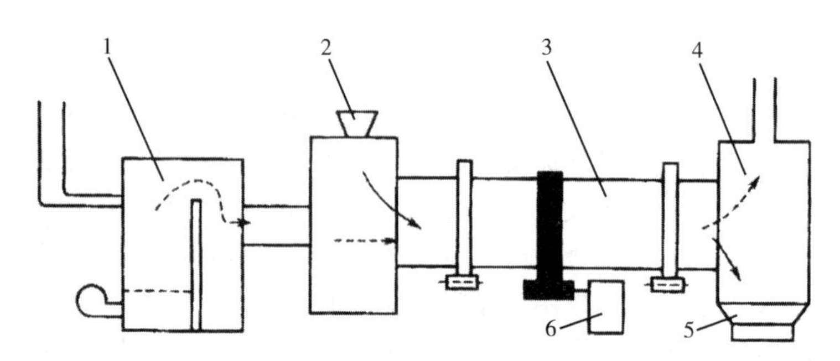

1. 热风发生炉；2. 进料口；3. 干燥筒；4. 排湿口；5. 出料口；6. 驱动装置。

图 2-3　回转圆筒式干燥机

原料从进料口进入干燥筒，干燥筒在驱动装置作用下作低速回转运动。干燥筒向出口方向下倾 2°~10°，并在筒内安装有抄板。原料在随干燥筒回转时被抄起后落下，由热风发生炉产生的热风对原料进行加热干燥，同时由于干燥筒的倾斜和回转作用，原料被移送到出料口然后排出机外。

按照气流在干燥筒内的流动方向不同，回转圆筒式干燥机可分为逆流干燥机和顺流干燥机两种。逆流干燥机在工作时，被加热原料与加热气流相向流动，干燥筒内传热传质推动力比较均匀，适用于需要缓慢干燥的热敏性原料，原料的含水量较低；顺流干燥机工作时，被加热原料与加热气流同向流动，适用于原料含水量高、允许快速干燥、在干燥过程中不分解、能耐高温的非热敏性原料。一般根据被干燥原料的特性和所要求的含水量选定逆流或顺流干燥机。对于秸秆类原料，多数采用顺流干燥机。

回转圆筒式干燥机具有生产能力大、运行可靠、操作容易、适应性强、流体阻力小、动力消耗小等一系列优点。但其缺点是设备比较复杂、体积庞大、一次性投资多、占地面积大等。

3. 流化床干燥装置

流化床干燥装置又名沸腾床干燥器。流体与固体颗粒充分混合，表面更新机会多，大大强化了两相间的传热与传质，因而床层内温度比较均匀。同时，具有很高的热容量系数，设备简单，便于制造，维修方便，且易于放大。在同一设备内，既可连续生产，又可进行间歇操作。

流化床干燥装置的使用条件：对于被干燥的原料，在颗粒度上有一定的限制，粒度太小易被气流夹带，粒度太大不易流化。含水量高且易黏结成团的原料一般不适用。床层内的原料纵向反混激烈，因原料在设备内停留的时间不均匀，会使产品干湿不均匀而被排出。

4. 板式高效射流烘干机

板式高效射流烘干机综合了气流干燥器、流化床干燥器与穿流气流厢式干燥器的干燥原理。其内部温度场、速度场更加均匀（图 2-4）。工作时，刮板拖动粉碎后的原料沿射流板一端向另一端移动，原料不仅直接受到射流板面的传导加热，而且还受到来自上层射流板通过小孔下射的高温射流强迫对流传热及辐射传热，同时带走干燥机内的湿分，这样的过程由上至下连续4次，致使原料在高温传导、对流、辐射作用下完成传热与传质过程，最终达到干燥的目的。

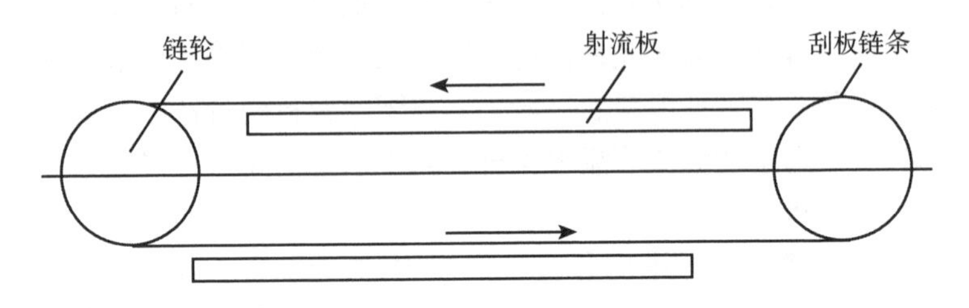

图2–4 板式高效射流烘干机工作原理

5. 厢式干燥器

厢式干燥器指外形像箱子一类的干燥器，外部是绝热层，内部结构则种类繁多，有内部带支架、上放浅盘，可适用于少量原料干燥的厢式干燥器，有把支架改为小车，可适用于生产能力较大的厢式干燥器；有适用于批量大、干燥时间长的干燥器；有把外壳做成狭长的洞道，洞道内铺设导轨，用一系列的小车承载原料的洞道式干燥器；有内部用连续的链式翻板或链网组成的输送机传送原料的带式干燥器；热风垂直穿过原料的称为穿流气流厢式干燥器。厢式干燥器不适合不能采用高温干燥和易生产粉尘的原料。

第三章　秸秆还田肥料化综合利用

第一节　秸秆还田机械化技术

一、秸秆还田机理

（一）秸秆还田方式

秸秆还田可以分为两大类：直接还田和间接还田。通常所说的秸秆直接还田是指作物收获后剩余的秸秆等直接还田。秸秆间接还田指秸秆作为其他用途后产生的废弃物继续还田。

1. 秸秆直接还田

秸秆直接还田指作物收获时，作物籽粒可作为农产品部分从田间运出，其余部分就地还田培肥土壤。目前秸秆还田技术日趋完善，除传统的过腹还田、高温堆肥等形式外，生产实践中总结归纳出许多秸秆直接还田技术，如墒沟埋草还田、秸秆粉碎还田、留高茬还田、秸秆覆盖还田等形式。

（1）墒沟埋草还田。稻麦轮作的田块，麦收后在麦田原有墒沟内埋秸秆，经浅耕整地，放水栽稻，墒沟中所埋秸秆在高温季节水沤一段时间后即会腐烂，沟泥下沉，自然形成稻田沟，同时又为下茬准备了有机肥。

（2）秸秆粉碎还田。玉米果穗收获后，将青玉米秸秆切碎并翻埋（约纵横旋耕 2 遍即可达到效果），然后正常种蔬菜、小麦等。

（3）留高茬翻转灭茬还田。稻麦等禾本科作物收割时留茬约30cm高（每亩留草量150~300kg），利用旋耕机翻转灭茬还田。

（4）留高茬套播还田。在前茬收割前10~15d，将下茬处理好的种子（如经过浸芽的水稻种）套播于前茬田中，收割时留高茬30~40cm还田。

（5）秸秆覆盖还田。在农作物播（栽）后的田面或株行间，将禾本科作物秸秆均匀覆盖还田，适宜覆盖秸秆量每亩200~300kg。秸秆覆盖还田的作用有以下几方面。一是能够有效地遮挡阳光直射地表，减少土壤水分蒸发和地表风蚀（较地表裸露减少水分损失30%~40%），提高水分利用率，增强农作物抗旱的能力。二是防止大雨对地表直接冲击造成的土壤水毛细管封闭、渗水能力下降、水土流失和环境恶化，减少地表雨水径流（较传统土地耕翻地表，大雨径流减少80%以上，雨水利用率提高15%~18%），最大限度地蓄存雨水。三是秸秆内寄生有大量虫卵和病菌，覆盖地表通过长时间阳光紫外线辐射、伏天高温、冬天严寒灭杀，可有效地抑制病虫害的发生。四是秸秆分解腐烂，可增加土壤有机肥力，改善土壤结构；减少化肥用量，提高粮食产量和质量。连年秸秆覆盖还田，土壤有机质含量年递增0.04%~0.06%，粮食增产10%~15%，干旱年份增产效果更为显著。五是可抑制杂草生长。冬天可提高地温，促进小麦分蘖和安全越冬。六是可防止秸秆焚烧造成的资源浪费和环境污染。

秸秆覆盖还田作业要求：秸秆覆盖率大于30%，覆盖均匀，播种机能够顺利地完成播种，保证种子正常发芽和出苗。

秸秆覆盖种类与效果：秸秆覆盖的种类包括直茬覆盖、粉碎覆盖、带状免耕覆盖和浅耕覆盖。

以上秸秆还田的方式适用于不同的田块，具体如下。

水稻田：此类田块水分充足，秸秆还田腐烂分解快，可选择墒沟埋草、留高茬翻转灭茬、留高茬套播等还田方式。

旱（麦）田：此类田块可选择留高茬翻转灭茬、留高茬套播等还田方式。

移（播）栽田及果林园一般具有较大的株行距空间（如玉米、棉花、果林园等），宜选择覆盖还田方式。

目前比较成熟的技术模式主要有以下两种。一种是机械粉碎还田。在收获的同时将秸秆粉碎，均匀抛撒到田间，用机器翻入田间。在机械化程度高的地区，玉米秸秆多采用该种方式。另一种是秸秆覆盖还田。在作物收获后，将秸秆覆盖在田间，采取免耕措施，开沟或挖穴播种，经过一个生长季，秸秆在田间自然腐烂。在机械化程度较高地区，多采用前一种还田方式；在机械化程度较低地区，多采用后一种方式。

2. 秸秆间接还田

秸秆间接还田要依靠科学技术，走商品化、产业化开发利用秸秆之路，主要方式如下。

（1）将作物秸秆堆腐沤制后还田。有秸秆堆腐、高温堆腐、秸秆腐熟剂堆腐等形式。

（2）菌糠还田。秸秆作基料生产食用菌，再将废渣还田。

（3）沼肥还田。就是秸秆在沼气池中发酵后，再将沼液沼渣施入农田。

（4）过腹还田。利用秸秆喂牲畜，再以其粪便还田，这样可形成一个良好的循环。

（二）秸秆还田技术

秸秆的盲目还田常常会因翻压量过大、土壤水分不适、施氮肥不够、翻压质量不好等原因，出现妨碍耕作、影响出苗、烧苗以及病虫害增加等现象，有的甚至造成减产。为了克服秸秆还田的盲目性，提高效益，推动秸秆还田发展，我国不少科研单位开展了不同农区秸秆还田的适宜条件研究，使秸秆还田的各项技术具体化、数量化。以下是根据中国农业科学院土壤肥料研究所的研究结果进行的总结。

华北地区除高寒山区外，绝大部分地区都可采用秸秆直接粉碎翻压还田。水热条件好、土地平坦、机械化程度高的地区更加适宜。西南地区和长江中游地区，水田宜于翻压，旱作地宜于覆盖。

1. 水肥管理

（1）合理配施氮磷肥。作物秸秆碳氮比较大，一般在（60~100）：1。微生物在分解作物秸秆时，需要吸收一定的氮自养，从而造成与作物争氮，影响苗期生长。我国土壤磷、钾也较缺乏，所以秸秆还田时一定要补充氮素，适量施用磷、钾肥，一方面可以改善微生物的活动状况，另一方面可以减少微生物与作物争肥的影响。此外，秸秆还田应该与各地的平衡施肥相结合进行。

（2）调控土壤水分。合适的土壤水分含量是影响秸秆分解的重要因素。华北地区秸秆还田把土壤水分调控在20%左右最有利于秸秆的分解。水田翻压秸秆要注意淹水还原状态下产生甲烷、硫化氢等有害气体。在未改造好的冷浸田、烂泥田和低洼渍涝田，不要进行秸秆翻压还田。在一般稻草翻压还田的田块，水分管理要浅灌、勤灌，适时烤田，在分蘖初期及盛期各耕田1次，以便增加土壤通透性，排出稻草腐解过程中产生的有害气体。旱作物上，秸秆还田也要注意调节水分，经常保持土壤湿润。

2. 防治病虫害和杂草

秸秆还田，特别是秸秆覆盖还田为病虫害提供了栖息和越冬的场所，尽量减少覆盖秸秆病穗的残存和越冬基数，是减少病虫害传播的有效方法。病虫害发生严重的秸秆不能还田。水稻秸秆凡有纹枯病、稻瘟病、白叶枯病等病害时不宜还田，有三化螟发生的田块，稻桩应深压入土。

杂草会与作物争水、肥和光能，侵占地上部和地下部空间，影响作物光合作用，降低作物产量和质量，杂草还是病虫害的中间寄主。华北地区6—9月是高温多雨季节，杂草生长很快，及时防除杂草十分重要。及早在玉米行间覆盖麦秸能有效抑制杂草生长，如果与使用除草剂相结合，除草效果会更好。麦田除草剂应在播后苗前喷施，土面喷雾，趁墒覆盖秸秆。

二、秸秆还田机械化

机械化秸秆还田技术，不仅抢农时、保墒情，解决了及时处理大量秸秆就地还田、避免了秸秆腐烂焚烧带来的环境污染等问题，而且为大面积以地养地、增加土壤有机质含量，改善土壤结构、培肥地力、提高农作物产量走出了一条新路子。机械化秸秆还田技术可以在作物收获的同时进行秸秆还田，秸秆粉碎粗细适中、抛撒均匀、翻压深浅适宜，最大限度地减少了秸秆还田对下茬作物带来的负面影响。此外，机械化秸秆还田技术在抗旱保墒、减少化肥用量、节约生产成本、保护生态环境等方面均有明显效果。秸秆还田机械化主要有秸秆粉碎直接还田机械化、根茬粉碎直接还田机械化、秸秆整株还田机械化三种机械化还田方式。

（一）秸秆粉碎直接还田机械化技术

该技术是以机械粉碎、破茬、深耕和耙压等机械作业为主，将作物秸秆粉碎后直接还到土壤中，争抢农时，是一项综合配套技术。该技术是用秸秆粉碎机将摘穗后的玉米、高粱、小麦等秸秆就地粉碎，均匀地抛撒在地表，随即翻耕入土，使之腐烂分解，达到大面积培肥地力的目的。所采用的秸秆粉碎还田机械主要有锤爪型、甩刀型和直刀型动力与定刀切割结构，可对小麦、玉米、高粱、水稻等软硬秸秆及甘蔗叶、蔬菜茎蔓等进行粉碎。无论是田间直立还是铺放的秸秆，均可粉碎后均匀抛撒于地表。

1. 机械化作业工艺

秸秆粉碎还田能促进粮食增产，但只有依照一定的工艺程序作业，才能达到预期的目的。

(1) 小麦秸秆粉碎还田。机械化工艺实践中，小麦秸秆粉碎还田机械化工艺有两种。一种是小型收割机收割时留高茬、秸秆粉碎→还田机粉碎、抛撒→播种；另一种是联合收割→秸秆粉碎还田机粉碎、抛撒→播种。

小麦秸秆还田的方法：机械收获小麦、机械粉碎秸秆、免耕播种机械播种玉米或补施氮磷肥后用高柱犁深耕翻埋、整地后播种其他作物或放水泡田后栽插水稻。该技术适宜推广范围为北方小麦产区和南方麦稻产区。

(2) 玉米秸秆粉碎还田机械化工艺。玉米秸秆粉碎还田机械化工艺有两种：一种是摘穗→秸秆粉碎还田机粉碎，抛撒→施肥→旋耕（或耕茬）→深耕→压盖→播种；另一种是玉米收获机（配粉碎还田机）收获、秸秆粉碎抛撒→施肥→旋耕（或耙茬）→深耕→压盖→播种。

玉米秸秆还田的方法：人工收获玉米果穗后，机械粉碎玉米秸秆，或机械联合收获，同时粉碎秸秆，补施氮磷肥后深耕翻埋，整地后播种小麦，该技术适宜南北方玉米产区。人工收获玉米果穗后，高柱犁直接翻埋玉米秸秆技术，适宜北方旱作区玉米单季产区。

(3) 水稻秸秆粉碎还田机械化工艺。在多季稻产区，旱稻收获时留高茬→圆盘犁带水犁耕或用旋耕机旋耕→水田驱动耙整地，实现部分秸秆机械化还田。

水稻秸秆还田的方法：机械收获水稻后，机械粉碎秸秆抛撒在田中，放水泡田后补施氮肥，然后用反转旋耕灭茬机，或水田旋耕埋草机，或水田驱动耙等水田埋草耕整机具进行埋草整地作业。该技术适宜双季稻或多季稻产区。

2. 机械化作业实施要点

下面主要介绍玉米秸秆粉碎还田作业实施要点。

(1) 玉米的摘穗。在不影响产量的情况下，趁秸秆青绿，及早摘穗，并连苞叶一起摘下。

（2）秸秆粉碎。玉米摘完穗后，用秸秆粉碎还田机及时粉碎。作业时要注意选择拖拉机作业工作台位，调整留茬高度，粉碎长度不宜超过 10cm，严防漏切。玉米秸秆不能在撞倒后再粉碎，否则不仅不能把大部分秸秆粉碎，还会因粉碎还田机工作部件位置过低，刀片打击地面而增加负荷，甚至使传动部件损坏。工作部件的地隙宜控制在 5cm 以上。此外，要做到适时粉碎，玉米秸秆最佳粉碎期是在玉米成熟后，秸秆呈绿色，含水量在 30%以上。此时秸秆本身含糖分和水分高，易被粉碎，对加快腐解、增加土壤养分大为有益。

（3）施肥。玉米秸秆在土壤中腐解时，要吸收土壤中原有的氮、磷和水分，因此，当底肥不足时，就会出现秸秆腐解与作物争水、争肥现象，影响作物生产发育。为此应施加一定量的氮、磷化肥，一般每公顷还田秸秆 7 500kg，需施 67.5kg 氮和 22.5kg 纯磷（或施 300~750kg 碳酸氢铵或 150~225kg 尿素），以便加快秸秆腐解，尽快变成有效养分，还可防止与麦苗争氮。

（4）旋耕或耙地灭茬。玉米秸秆粉碎还田加施化肥后，要立即旋耕或耙地灭茬，使秸秆均匀分布于 0~10cm 的土层中，在与土壤混合过程中把玉米根茬切开，并再次切碎较长的茎秆，以利充分腐解。

（5）深耕。耕深要求在 20~25cm，通过翻、耕、压、盖，消除因秸秆造成的土壤架空，为播种创造条件。可用大中型拖拉机配套的深耕犁，环形镇压器或木器一次完成耕翻、镇压、耢等作业。或用小型拖拉机配单铧犁深耕覆盖，耕深不小于 15cm。

（6）播种。小麦播种前要浇足塌墒水，以消除土壤架空，促进秸秆腐解。要精细整地，使用耢耙，消灭明暗坷垃，达到土碎地平，并进一步解决土壤架空问题，使土壤上虚下实。播种最好使用带圆盘式开沟器的播种机，以免勾挂根茬或秸秆造成壅土，影响播种质量。

（7）浇水。玉米秸秆在土壤中腐解时需水量较大，如不及时补水，则不仅腐解缓慢，还会与麦苗争水。因此，要浇好封冻水，这对当季秸秆还田的冬小麦尤为重要。翌年春季要适时早浇返青水，促进秸秆腐解，保证麦苗正常生长发育所需的水分。

此外，水稻秸秆还田机械收获水稻，机械粉碎秸秆抛撒在田中，放水泡田后补施氮肥，然后用翻转旋耕灭茬机或水田旋耕埋草机或水田驱动耙等水田埋草耕整机具进行埋草整地作业。该技术适宜双季稻或多季稻产区。

（二）根茬粉碎直接还田机械化技术

该技术是将割去秸秆后的根茬用机械粉碎后混于耕层土壤中的一项机械化技术，能很好地增加土壤有机质，培肥地力，增加耕层的透水能力，蓄水保墒防春旱，防止风蚀、雨蚀，省工增产。适用于实行轮作制度地区的玉米、高粱、大豆等作物。

1. 机械根茬还田的条件

（1）土壤含水量适宜。土壤含水量过大，会影响作业质量和工作效率。一般应在土壤含量15%~22%的情况下进行作业，这样可使作业后的垄上形成松散细碎的土层，为原垄播种创造良好的条件。

（2）耕地坡度应在6°以下。根茬还田作业时耕地坡度，特别是横向坡度要求在6°以下，以防止工作部件偏离作业垄距，造成漏耕。

（3）对根茬高度的要求。计划用机械使根茬还田的地块，在收割时留茬高度在10cm以内为宜，最高不得超过15cm。

（4）选择作业期。最佳作业期为秋季，在收割后到地表结冻前均可。这一时期作物根茬含水量高，处于活茬状态，比较脆，根茬容易被粉碎，还田效果好。春季作业时，要在地表化冻15cm到播种前进行（3月25日至4月10日）。

2. 玉米根茬还田技术的应用

玉米根茬还田作业期可在秋季也可在春季。根茬还田还必须注意农机、农艺的紧密结合，机具要符合农艺要求，农艺也要为机具作业创造适当的条件。

（1）玉米根茬还田机的主要技术规格。以 1GQN180D 型灭茬机为例，其主要技术规格：机器重量为 4 300kg；作业速度为 1～4km/h；耕幅为 180cm；生产率为 0.2～0.33hm²/h；配套动力为 38kW（50HP）拖拉机；耕深为 14～20cm。

（2）玉米根茬还田技术要求。①玉米根茬还田要选择根茬含水量在 30%时为宜，粉碎后长度在 5cm 以下，站立漏切的根茬不超过 0.5%，碎土率达到 93.8%。②根茬粉碎还田后，要及时追施底肥，除施粪肥外，一定要撒施氮肥，这样可防止微生物分解有机质时与下茬作物争夺养分，而且有利于根茬的腐烂。③撒肥后要及时进行耕翻，将粉碎后的根茬尽量埋入地下。这样做一是有利于根茬和土壤保持水分，以利分解；二是可以避免化肥的挥发，以保持肥效。④为防止还田地种子架空，影响出苗，要进行全面耙压，保证墒情，促进下茬种子发芽和根茬的腐烂。

3. 玉米根茬还田前的准备

（1）地块准备。将割后的秸秆运出地块，测定玉米行距和垄高，并观察地块中有无影响机械作业的障碍物，有障碍物要及时清除。

（2）选择适合玉米根茬行距的根茬还田机。要保证拖拉机轮胎走在垄沟上，工作幅要有足够的宽度，确保根茬都能粉碎还田。

（3）适度调整。调整不合要求的各个部件。

（4）进行根茬粉碎还田的质量检查。检查根茬粉碎的长短、抛撒在地上的均匀情况、行走速度是否合适等与作业质量有关的因素，不合适的应调整到合适为止。

（三）秸秆整株还田机械化技术

机械化秸秆整体直接还田可分为整体直接翻埋和整体覆盖两种方式。整秸还田广泛应用于玉米等作物上。玉米秸秆整翻操作是在玉米成熟后，只将玉米穗收获，然后把秸秆、茎叶及根以整株状态原位不动翻埋入土中，达到秸秆全部还田的目的。该技术具有抗旱保墒、减少作业环节、提高土壤有机质以培肥地力等作用，所用的机具设备为高犁柱深耕犁和整秆覆盖机，配套动力为大中型拖拉机。

1. 整翻技术工艺

玉米摘穗→轧倒或踩倒→施肥→深耕翻埋→小麦播种→播后镇压。

具体操作步骤如下。

（1）玉米成熟后，将玉米果穗收获，用小四轮拖拉机、手扶拖拉机或农用三轮车在拉运玉米果穗时将玉米秸秆轧倒，也可以在收获玉米果穗时人工将秸秆踩倒。

（2）按常规方法往玉米秸秆上撒施底肥碳酸氢铵 900～1 125kg/hm^2。

（3）用东方红 70、上海 50、铁牛 55 或泰山 25 等大中型拖拉机翻耕，将玉米秸秆整株翻压在土壤内，耕深 20～25cm，同时用圆盘耙或合墒器耙平。

（4）用圆盘式播种机播种小麦，播后镇压。整翻后，通过播种、镇压这些相应的配套措施，小麦出苗整齐，长势良好，株高和根量略增加，小麦产量和土壤有机质逐年提高。

2. 整翻技术要点

（1）具有保证小麦出苗的土壤墒情。在玉米收获前，如果天气干旱无雨，土壤墒情不足，可于收获前 10d 左右灌水 1 次，为小麦出苗造墒，同时也有利于秸秆翻压后腐解。

（2）适时收获及时翻埋。玉米籽粒达到蜡熟后期，基本成熟，在不影响产量的情况下，应及早收获，尽量在玉米茎叶保持青绿时进行翻埋，以保持秸秆的水分和养分，加速秸秆入土后的腐解速度。

（3）注意秸秆倒向。把玉米穗收获后，要按照翻耕时拖拉机的前进方向将秸秆轧倒或踩倒，切勿将秸秆拔出或与拖拉机前进方向垂直或相反，否则会出现秸秆堵塞，翻埋不严，影响下一步播种工序的质量。

（4）必须播后镇压。小麦播种后因大量秸秆入土造成架空不实，所以必须用“V”形镇压器进行镇压，否则小麦出苗不齐。

水田整秆还田的秸秆除稻秸和麦秸外，还可以将瓜藤、绿肥和田间杂草直接旋耕还田。所采用的机具主要有水田埋草机、埋草驱动耙、旋耕埋草机。

第二节　秸秆堆沤还田技术

秸秆堆沤还田是农作物秸秆无害化处理和肥料化利用的重要途径。在传统农业生产中，秸秆堆沤和粪肥积造，尤其是两者的混合堆肥，是耕地肥料的主要来源，对种植业生产的发展起着至关重要的作用。在现代农业生产中，随着化肥的大量施用，秸秆堆沤还田逐渐被人们忽视，加之其他秸秆还田方式没有得到推广应用，导致土壤有机质减少，土壤肥力下降，严重制约着农作物产量和品质的提高。由于时代发展的要求，秸秆堆沤还田已经不是主要的还田方式，但其在高效有机肥和秸秆批量化处理方面仍将发挥重要作用。

一、农作物秸秆自然发酵堆沤还田技术

1. 技术简介

这是一种我国农村普遍采用的方法，是中低产田改良土壤、培肥地力的一项重要措施。该技术直接把农作物秸秆堆放在地面上，与牲畜粪尿充分混匀后密封，使其自然发酵。这项

技术最大的优点是简单方便，但是由于发酵温度较低，因此发酵时间较长，降解的效果也较差。若要缩短堆肥时间，可以采取添加发酵菌营养液和降解菌的措施。

秸秆等有机物的堆沤，根据含水量的多少可分为两大类。一是沤肥还田。如果水分较多，物料在淹水（或污泥、污水）条件下发酵，就是沤肥的过程。沤肥是嫌气性常温发酵，秸秆沤肥制作简便，选址要求不严，田边地头、房前屋后均可沤制。但沤肥的肥水流失、渗漏严重，在雨季更是如此，对水体和周边环境造成污染。同时，由于沤肥水分含量多，又比较污浊，用其作腐熟有机肥料使用较为不便。二是堆肥还田。把秸秆堆放在地表或坑池中，并保持适量的水分，经过一定时间的堆积发酵生成腐熟的有机肥料，该过程就是堆肥。秸秆堆沤时，伴随着有机物的分解会释放大量的热量，沤堆温度升高，一般可达 60~70℃。秸秆腐熟矿化，释放出的营养成分可满足作物生长的需求。同时，高温将杀灭各种对作物生长有害的寄生虫卵、病原菌、害虫等。秸秆堆沤发酵也有利于降解消除对作物有毒害作用的有机酸类、多酚类以及对植物生长有抑制作用的物质等，保障了有机腐熟肥的使用安全。

2. 秸秆自然堆沤技术分类

（1）平地堆沤法和半坑式堆沤法。秸秆平地堆沤一般堆高 2m，堆宽 3~4m，堆长视材料多少而定。秸秆松散，通常 1 亩农田的秸秆体积在 $10m^3$左右，按堆高 2m 计，堆沤 1 亩农田的秸秆约占地 $5m^2$，加上沤堆翻倒占地和操作场地，总占地约 $10m^2$。秸秆平地堆沤时，在地面上先铺 15cm 厚的混合材料，然后在其上用木棍放“井”字形通风沟，各交叉处立木棍，堆好封泥后拔去木棍，即成通气孔。半坑式堆沤堆肥高出坑沿 1m 为宜，如此一个坑基本上可堆沤 1 亩农田的秸秆。

普通堆肥的配料以玉米秸秆、牛马粪、人粪尿和细土为主，按 3∶1∶1∶5 的质量比例混合，逐层堆积。有机物料混合后，调节水分，使物料含水量达到 50%左右。堆后 1 个月翻倒1次，促使堆内外材料腐熟一致。

（2）坑埋式堆沤法。挖适宜深度的堆沤坑，将秸秆填到坑中，盖土自然腐熟。堆沤物与土壤充分接触，即使没有氮素养分和发酵活性微生物的添加，也有大量土壤微生物参与秸秆的分解过程。10cm厚的堆沤物覆盖一层土壤，如此夹层式堆积沤制，可以减少苍蝇和臭味对周围环境的影响，即使在住宅附近也可以利用空地堆沤。坑埋式堆沤要注意雨季积水对堆沤物的影响。

（3）装袋堆沤腐熟法。该方法简单实用，将铡碎的秸秆装入适当大且结实的塑料袋中，束口码放即可。为更好地给微生物创造一个适宜的活动环境，夏季最好用黑色塑料袋，冬季最好用透明塑料袋。需要注意的是，装袋堆沤时适当混入一些土壤，以增加腐熟过程中微生物参与活动的量，并有利于水分和臭味的调控。作为促进腐熟的添加物，可以加适量的油渣、米糠以及硫酸铵等。例如，45L大小的塑料袋中加40L的秸秆，可混合2~3kg土、200g油渣和50g硫酸铵。装袋堆沤也要适当翻倒，并控制水分，以保证均匀腐熟。

（4）夹层式堆沤法。夹层式堆沤法又称三明治式堆沤法，堆沤前，要根据需要制备相应尺寸的堆沤筐。首先，在筐的底层铺放20cm厚的碎秸秆（整秸秆铡成10~20cm长短即可），洒水后踩实；然后铺撒一些畜禽粪便（如果是干粪，需要喷洒适量的水）、米糠、油渣、肥料等，再铺放一层碎秸秆……如此一层碎秸秆、一层畜禽粪便，形成夹层式堆积。最上层是畜禽粪便。堆满筐后，盖1~2cm厚的土，再盖上压板，并用塑料布盖好防雨，压上镇石等重物，即完成夹层式堆沤的建造。

（5）“四合一”暖芯堆沤法。人粪尿、畜禽粪便、作物秸秆、土等分别按10%、40%、30%、20%的比例混合拌匀，加足够水分保证湿度达60%，即构成“四合一”湿粪。在空闲地上取干秸秆点燃，待火燃尽，立即用干畜粪和秸秆将火堆埋好，厚度约20cm；然后把混合好的“四合一”堆沤料堆培其上，厚度约为30cm，要求暖堆不漏气、不跑热。待第一层堆沤料腐熟到外层时，再堆培第二层堆沤料……如此依次堆培，直到把所有的“四合一”堆沤料用完。最后培一层20cm的湿土，以保温。在整个堆培过程中，一定要自然堆放，防止缺水。待热量传递到保温、保湿土层时，要及时翻堆，以防腐熟过度。腐熟好的堆肥呈黑绿色，有臭味。整个堆制过程10~15d。此方法最适宜温室大棚堆培所需有机肥的快速腐熟。

二、秸秆堆沤腐熟技术

堆沤是微生物分解有机物的过程，堆肥技术是集成远古时代的经验不断孕育发展而成的微生物管理技术，目的是最大限度地运用微生物的作用分解秸秆和畜禽粪便等有机物料，使其腐熟成为有机肥，以适合现代种植业生产的需要。秸秆堆肥的关键技术是确保微生物处于良好的生存环境，包括微生物生存所需要的营养物质、碳氮比、水分、空气等。

1. 秸秆堆沤腐熟过程

秸秆堆沤是一个有大量微生物参与活动的、复杂的生物化学过程。在秸秆堆沤过程中，直接相关的微生物主要是好氧性微生物和一部分厌氧性微生物。秸秆的基本成分是纤维素、半纤维素和木质素。由于秸秆各组成部分结构上的差异性，参与分解的微生物种类及其作用在秸秆分解的各阶段皆有所不同。任何秸秆的堆沤腐解都可分为3个时期，即糖分解期（堆沤初期）、纤维素分解期（堆沤中期）、木质素分解期（堆沤后期）。因此，通过控制与调节秸秆分解过程中微生物活动所需要的条件，就可以控制秸秆分解过程。

（1）糖分解期（堆沤初期）。堆沤初期，好氧性微生物丝状菌和细菌快速繁殖，主要分解秸秆中的糖、淀粉、氨基酸和蛋白质等易分解物质。由于微生物的快速繁殖，将不断产生并积累越来越多的热量。

（2）纤维素分解期（堆沤中期）。随着堆沤温度升高，进入纤维素、半纤维素分解的纤维素分解期。堆沤温度一般达到60℃以上，放线菌等高温微生物分解半纤维素，大量消耗氧气，逐渐形成厌氧环境，进而纤维素厌氧分解替代半纤维素分解。半纤维素和纤维素分解达到高峰后，沤堆内的温度逐渐下降，开始进入木质素分解期。

（3）木质素分解期（堆沤后期）。木质素分解主要由担子菌作用。该阶段富含纤维素分解的中间产物，加之堆沤温度降低等，形成了有利于微生物繁殖的环境条件，使微生物种类趋于多样化，并出现跳虫、蚯蚓等小动物。

2. 秸秆堆沤腐熟的技术要点

（1）营养源及碳氮比的调控。秸秆堆沤需要人为调控，从而为微生物提供一个良好的生存环境。环境调控的关键是控制微生物营养源的碳氮比和水分含量。在有机料堆沤过程中，微生物生长需要碳源，蛋白质合成需要氮源，而且对氮的需求量远远大于其他矿物营养成分。碳氮比过低，在有机物料分解过程中将产生大量的氨气，腐臭强烈，并导致氮元素损失，降低堆肥的肥效。初始碳氮比过高（高于35∶1），氮素养分相对缺乏，细菌、丝状菌、放线菌和担子菌等微生物的繁殖活性受到抑制，有机物降解速度减慢，堆肥时间加长，同时也容易引起堆腐产物的碳氮比过高，作为有机肥施用可能导致土壤的“氮营养饥饿”，危害作物生长。当碳氮比为（20~30）∶1时，水分含量60%是堆沤的最适宜条件。

秸秆的碳氮比通常在（60~90）∶1。在秸秆堆沤时，应适当加入人畜粪尿等含氮量较高的有机物质或适量的氮素化肥，把其碳氮比调节到适宜的范围内，以利于微生物繁殖和活动，缩短堆肥时间。添加畜禽粪便调节堆沤秸秆的碳氮比也是通常采用的方法。畜禽粪便的碳氮比为（12~22）∶1。鸡粪、鸭粪的碳氮比较低，一般为（12~15）∶1；羊粪、猪粪一般为（16~18）∶1；马粪和牛粪的碳氮比较高，一般为（19~22）∶1。

使用牲畜尿调节秸秆堆沤碳氮比，虽然尿中含有大量的氮和钾，但同时也含有较多的盐分，堆沤使用时需要加以考虑。为促进秸秆发酵进程，添加氮素把发酵物料的碳氮比调整为（20~30）：1最为适宜。

（2）水分和空气。适宜的水分含量和空气条件对于秸秆的堆沤至关重要。水分含量过高，形成厌氧环境，好氧菌繁殖受到抑制，容易产生堆腐臭和养分损失。水分含量过低，会抑制微生物活性，使分解过程减慢。最适宜的水分含量一般在60%左右，用手使劲攥湿润过的秸秆，有湿润感但没有水滴出，基本可以确定为水分含量适宜。

空气条件同样影响微生物活性。氧气不足，影响微生物对秸秆的氧化分解过程。良好的好氧环境能够维持微生物的呼吸，加快秸秆的堆沤腐熟过程。但如果沤堆的疏松通气性过大，容易引起水分蒸发，形成过度干燥条件，也会抑制微生物的活性。较为适宜的秸秆堆沤容积比为固体40%、气体30%、水分30%。最佳容重判定值应保持在500~700kg/m^{3}的范围。

堆沤秸秆的粗细程度与空气条件有直接关系。铡切较短的秸秆，微生物作用的表面积增大，微生物繁殖速度和秸秆腐熟进度较快，秸秆熟化的均匀度较高。但堆沤秸秆铡切过短，不仅会增加加工成本，而且会因自身重量的作用减少物料间的空隙，沤堆中通透性恶化，导致好氧微生物的活性和数量降低，分解速度慢，产生堆腐臭。一般秸秆铡切长短以不小于5cm较为适宜。

（3）温度。秸秆腐熟堆沤微生物活动需要的适宜温度为40~65℃。保持堆肥55~65℃温度1周左右，可促使高温微生物强烈分解有机物；然后维持堆肥40~50℃温度，以利于纤维素分解，促进氨化作用和养分的释放。在碳氮比、水分、空气和粒径大小等均处于适宜状态的情况下，依靠微生物的活动能够使堆沤中心温度保持在60℃左右，使秸秆快速熟化，并能高温灭杀堆沤物中的病原菌和杂草种子。

（4）pH 值。大部分微生物适合在中性或微碱性（pH 值为 6~8）条件下活动。秸秆堆沤必要时要加入相当于其重量 2%~3%的石灰或草木灰调节其 pH 值。加入石灰或草木灰还可破坏秸秆表面的蜡质层，加快腐熟进程。也可加入一些磷矿粉、钾钙肥和窑灰钾肥等用于调节堆沤秸秆的 pH 值。

第三节　秸秆生物反应堆技术

一、秸秆生物反应堆技术的概念

秸秆生物反应堆技术，即秸秆在微生物菌种、催化剂等作用下，定向转化植物生长所需的二氧化碳、热量、抗病孢子、酶、有机养料和无机养料，进而实现农作物高产优质的有机生产。秸秆生物反应堆技术以秸秆替代化肥，以植物疫苗替代农药，其技术特点如下：一是操作简单，成本低，适用范围广，综合作用多，便于推广。二是增产、增质、增效幅度大，平均增产 30% 以上，标准化应用增产 50% 以上。三是不用化肥，少用或不用农药，生态效益显著。

秸秆生物反应堆技术操作应用可以采用内置式、外置式两种形式。内置式反应堆的原理是将秸秆开沟埋入地下，通过缓慢发酵分解，可改善土壤理化性状、释放二氧化碳气体并提高地温。外置式反应堆原理是将秸秆集中堆放发酵产生大量二氧化碳、抗病孢子和具有丰富营养的浸出液，通过发酵反应产生的二氧化碳、浸出液和反应堆残渣供给作物生长需要，促进作物增产提质。

二、秸秆生物反应堆技术应用前景广阔

秸秆生物反应堆技术有效解决了秸秆资源科学利用的难题，促进农业提质增效，有助于实现生态改良、环境保护和循环农业，具有广阔的应用前景。

未来，秸秆粉碎生物发酵追施创新技术、整根秸秆粉碎结合土壤高温消毒技术将是秸秆生物反应堆技术创新应用的重要方向。

三、秸秆生物反应堆技术应用方式

秸秆生物反应堆技术可大幅度提高瓜果菜产量和品质。下面分别介绍内置式、外置式秸秆生物反应堆的技术应用。

1. 内置式秸秆生物反应堆技术应用

（1）第一阶段。6—7 月，用大量夏收作物秸秆，在越冬大棚果菜换茬时，随拔秧在种植小行开 1 条宽 60cm、深 20cm、长与行长相等的沟，先将瓜菜秧铺底，放入麦秸和牛羊等草食动物粪便，总厚度为 30～40cm，接着将拌好的菌种均匀地撒施在每条沟的秸秆上，并用铁锨拍震 1 遍，然后将开沟的土壤回填起垄，隔 2d 后浇足水。浇水 3d 后用 12 号钢筋按孔距 20cm 打孔，孔深以穿透秸秆层为宜。以后每隔 15d 浇 1 次透水，共浇 3～4 次。每亩用菌种 4kg，秸秆 3 000kg。此种方式在整个高温季节里，秸秆转化为大量的二氧化碳、抗病孢子、有机质、腐殖质和矿质营养，它们以液体和固体的形式贮存在土壤中，可供秋冬季作物前期使用。

（2）第二阶段。10—12 月，利用秋收作物的秸秆，在冬暖式大棚内定植后的大行间起土，续加秸秆、接种、覆土、浇水和打孔，方法同上。一般起土深 15cm 左右，宽 80～100cm，铺放秸秆厚度应在 30～40cm，然后撒上菌种，每亩用菌种 4～5kg，秸秆 3 000～4 000kg。第二次建造的内置式秸秆生物反应堆，可提高冬季地温、二氧化碳含量、各种营养和土壤透气性，为后期作物生长打好基础。

（3）施肥要求。应用秸秆生物反应堆技术的地块，施肥种类及数量与常规法有所差异。增施有机肥，每亩施牛羊粪 10～12m^3，饼肥 250～300kg。追肥以反应堆浸出液替代化肥，结合浇水，苗期追施 2～3 次肥，开花结果期追施 3～4 次肥，后期追施 2~3 次肥，每次用量 2~3m³。这种施肥方法增产又增值，防病成本低，产品品质与外观显著好于施用化肥的果实。

2. 简易外置式秸秆生物反应堆技术应用

（1）时间。一般在夏、秋季进行，主要是充分利用高温、潮湿天气和丰富的秸秆资源。时间应从麦收后开始至 9 月下旬结束。

（2）操作方法。简易外置式秸秆生物反应堆与标准式外置生物反应堆不同之处，在于减少了一个二氧化碳交换机和微孔输送带。其做法是在大棚或大田水电方便的位置，按每亩挖 1 条宽 1m、长 8~10m、深 0.6m 的沟，用水泥砌垒或用农膜铺沟。基础做好后，在沟上每隔 50cm 横着摆放 1 根木棍或水泥杆，然后在杆上纵向拉 3~4 道铁丝即可。

接着摆放秸秆，每摆放 40cm 厚的秸秆，撒 1 层菌种，共放 3~4 层，沟的两头各留 40cm 的取液口或进气口，最后淋水湿透，盖膜保湿，发酵转化。每隔 5~7d 将沟内的水循环淋浇到反应堆上，如沟内，水不足要及时补水。经过 45~60d，这种简易式生物反应堆可产生反应液和反应渣。反应液可在果蔬根部追施或叶面喷施，反应渣可用作秋、冬季果蔬基肥。反应渣可施在定植穴内，每穴 1 把，然后再栽植果蔬幼苗。

（3）反应堆的管理与注意事项。一是定时加料，高温季节转化速度快，消耗原料多，一般应在 20d 左右加 1 次秸秆和菌种；二是定期补水，每隔 7~8d 循环淋浇 1 次透水；三是在膜上注意加盖遮阳物，防止光线过强使菌种失去活性。四是秸秆用量，每亩地块秸秆用量不得少于 4 000kg。

四、秸秆生物反应堆技术应用要点

1. 与植物疫苗配合应用

植物疫苗具有良好的防治病虫害的作用，与生物反应堆配合应用，可以收到增产增效的显著效果。在蔬菜定植时，先将处理好的疫苗与穴内土壤混合，然后放苗定植。

果树类应用时，先在内置反应堆埂畦内按长、宽各 30cm，深 10cm 的规格刨穴，使其穴内的毛细根有破伤或断根，将植物疫苗撒于穴内，穴内接种量为每棵树接种量的 2/3，其余 1/3均匀撒在树根部及树下表面，接着铺放秸秆，撒接菌种。疫苗用量为每亩 3~4kg。

2. 应与配套管理相结合

（1）施肥。3 年以上的棚区，基肥严禁施用鸡粪、猪粪、鸭粪、人粪尿等非草食动物粪便，以防传播线虫和其他病害。基肥可用牛、马、羊、驴、兔等草食动物粪便和各类饼肥，数量以常规用量为准，集中施在内置反应堆的秸秆上。化肥不作基肥，只作追肥，并根据作物长势适当减少化肥用量。

（2）行距与密度。应用反应堆后，作物生长较常规枝叶茂盛，如大棚为 3.6m 开间，4~5 行制被普遍认为可采用，大行 1.0~1.2m，小行 0.6~0.8m。株距可适当缩小，总量减 10%~15%。暖冬时可适当稀植，冷冬可适当密植，也可采用先密后稀的种植方法，灵活掌握。

（3）浇水。适时供应充足水分是高产的基础。但水量如果过大，会使根系缺氧，给病害发生创造条件。冬季浇水要点是“三看”（看天、看地、看苗情）和“五不能”（不能早浇，不能晚浇，不能小水勤浇，不能阴天浇，不能降温期浇）。进入 11 月，选晴天 9:30—14:30 浇水。当天浇不完要停浇，到翌日同样的时间内再进行。

（4）把握好揭盖草帘。揭盖草帘是冬天管理主要技术环节。对于冬暖大棚，揭盖草帘要依据光照和作物的生育特性。首先，揭草帘要早，只要晴天，天明以后草帘揭得越早对光合作用越有利，揭得越晚产量损失越严重。其次，揭草帘要巧，主要依据棚内气温，下午当气温下降至 18~20℃，就应及时盖草帘。过早或过晚都对作物不利，会出现有机物积聚在叶片中，使叶片肥厚、茎细、坐瓜少、生长缓慢、产量低等。

（5）用药。可以在叶片上喷洒农药防治飞虱、蚜虫等害虫，但绝对不能往根部灌杀虫、杀菌药物。

五、植物疫苗接种方法和注意问题

植物疫苗是生物反应堆技术体系的重要组成部分，是一种利用植物免疫功能防止植物病害的生物技术。植物疫苗对解决农产品化肥污染和农药残留问题，实现农作物有机栽培和食品安全具有重要意义。

1. 接种方法

接种前 24h 将 1kg 疫苗加入 15～20kg 麦麸，兑水 14～18kg，充分拌匀后堆积待用。育苗移栽应在定植前将拌好的疫苗施入行下，或在定植树穴内撒施并与土掺和均匀。已定植的苗或果树应在苗或树冠下，围绕主干周围起土 5～10cm（以露出毛细根为准），将疫苗均匀接种于根系上，然后放 1 层薄草覆土。棵体接种法是将拌好的疫苗，按 1∶30 的比例掺入秸秆，淋水湿透，放入外置秸秆反应堆中，盖膜通气发酵，再加水泼淋，过滤浸出液，进行灌根或喷施叶片和植株，防病效果也很突出。

2. 注意问题

高温季节接种植物疫苗，第 2 天必须浇水，时隔 4d 再浇 1 次；低温季节接种植物疫苗，7d 后要浇水，隔 10d 再浇 1 次；中温季节接种植物疫苗，4～5d 要浇水，隔 7～8d 再浇 1 次。接种后遇下雨或浇水后应及时划锄或打孔透气，避免疫苗因缺氧失活。根系接种要有毛系断根或粗根破伤口，效果才好。

六、秸秆生物反应堆技术应用对象

1. 果、瓜、菜类

如樱桃、杏、桃、苹果、梨、草莓、甜瓜、西瓜、黄瓜、茄子、甜椒、辣椒、番茄和西葫芦等。

2. 经济作物

如茶树、花生、大豆、烟草、棉花、生姜和芦笋等。

3. 中药材

如三七、人参、西洋参、丹参、桔梗、柴胡、半夏和五味子等。

4. 花卉、苗木

如牡丹、蝴蝶兰、杜鹃、君子兰、玫瑰、百合、地瓜花、菊花和绿化苗木等。

第四节　秸秆覆盖还田保护性耕作技术

保护性耕作技术是一项节水、增肥、增产增收、可持续发展的农业生产技术。其中，地表秸秆覆盖还田技术是其中心内容。搞好秸秆覆盖还田技术，对提高保护性耕作项目建设质量具有十分重要的作用。

一、秸秆覆盖还田的原因

1. 传统耕作方式的影响

长期以来，农民采用铧式犁翻耕，火烧秸秆等不恰当的生产方式，致使地表裸露，土质松散，蒸发和径流大，水土流失严重，土壤板结，肥力下降。采用地表秸秆覆盖还田技术可以改变农田现状。

2. 秸秆自身物质的科学利用

农作物的秸秆经过光合作用从土壤中吸收矿物质养分和微量元素，其中，有机质含15%、氮含0.6%、磷含0.3%、钾含10%、微量元素含45%。这些营养元素是可利用的有机肥料来源。秸秆覆盖还田后，经过一段时间的腐解作用，转化成有机质，供农作物生长所需，对土壤的良性循环，推动农业可持续发展有深远的影响。

二、秸秆覆盖还田的种类和技术特征

秸秆粉碎覆盖还田、秸秆整株覆盖还田、高留茬还田。秸秆覆盖还田具有处理秸秆量大，成本低，生产效率高等特点，是大面积以地养地，提高耕地质量，实现农田高产稳产的有效措施。利用秸秆覆盖地表和根茬固土，可以阻止土壤的风蚀和水土流失，有利于生态环境的保护，减少因土壤裸露造成的扬尘。利用秸秆粉碎后埋入土壤后，被微生物分解为腐殖质，释放养分，从而改善土壤的团粒结构和理化性质，提高土壤自身调节水肥气热的能力。据测定，经过连续 2 年秸秆覆盖还田后，土壤有机质提高 0.15%～0.27%，土壤容重下降 0.03～0.06g/cm^3，土壤的总孔隙度提高 1.25%～2.25%。利用秸秆还田省工、省时，增产增收。秋后，用大量的秸秆覆盖农田，省去捆扎和运输、以及人工堆沤的时间和费用。据监测显示，连续 3 年实施秸秆还田的地块，使粮食产量增加 10%～20%。利用秸秆覆盖还田，具有调温保墒，出苗率高，减少灌溉次数的作用。秸秆覆盖地表减少蒸发量，有助于种子发芽和苗期生长的水分供应。通过试验对比，秸秆覆盖的地块比传统耕地的种子出苗率高 10%左右。

三、秸秆覆盖还田的技术要点

1. 确定合理的留茬高度

留茬高度一般为 30～40cm 为合适。过高或过低都会影响还田效果和播种质量。

2. 秸秆覆盖质量

秸秆粉碎还田的长度一般不超过 10cm。整株覆盖还田的秸秆长度和方向需要和垄向一致，并尽可能成行、成条铺放，秸秆的行与行之间留有 20cm 空地，以备开沟器顺利通过。

四、实施成效

1. 节水效果

播种前秸秆全覆盖地块含水量 17.5%，对比田含水量是 15.8%，休闲期蓄水能力增加 10.8%；生长期秸秆全覆盖的地块含水量是 12.43%，对比田是 10.75%，生长期蓄水能力增加 15.6%。从检测结果看，休闲期、生长期秸秆覆盖地块水分含量高于对比田，特别是入伏以后，直到收获前，干旱情况相当严重，而实施保护性耕作地块的抗旱效果明显好于传统耕作地块。覆盖率越高，抗旱效果越好，持续时间越长。

2. 秸秆覆盖率

项目区一般是水浇地，作物产量高，秸秆量大，地表 50%~100%的秸秆量还田；旱地作物产量低，相对秸秆量小，地表 100%的秸秆量还田。一般情况下，水浇地秸秆量为 470kg/亩，秸秆覆盖率约为 50%左右；旱地秸秆量为 160kg/亩，秸秆覆盖率约为 38%。

3. 增产量

秸秆覆盖还田技术的增产效果显著，多年秸秆还田，土壤肥力逐年增加，地表覆盖率高，水分蒸发量小，深施化肥可增加肥效，受多种因素影响，粮食产量高，以玉米为例，每亩产量约 822.5kg，对比田每亩产量约 736kg，每亩产量增加 66.5kg。

4. 节本增效及经济效益

增产效益，每亩增产 66.5kg，按 1.7 元/kg 计算，可增加 133.05 元/亩；大旱之年，秸秆覆盖的节水效果较为明显，传统耕作地块浇水 4 次，每次消费 25 元，秸秆覆盖的地块浇水低于 3 次，每次消费约 28 元，1 年节水费用是约 16 元；其他节支效益，如减少播种作业单独施肥、中耕锄草，秸秆处理等作业环节，共节省费用约150元/亩。

秸秆覆盖还田技术有着良好的经济效益、生态效益和社会效益，是实现保护性耕作的重要措施和途径。

第五节　秸秆生产商品有机肥技术

秸秆富含氮、磷、钾、钙、镁等营养元素和有机质等，是农业生产重要的有机肥源。秸秆肥料化生产是控制一定的条件，通过一定的技术手段，在工厂中实现秸秆腐烂分解和稳定，最终将其转化为商品肥料的一种生产方式，其产品一般主要包括精制有机肥和有机-无机复混肥的两种产品。利用秸秆等农业有机原料进行肥料化生产的有机肥或有机-无机复混肥产品在改良土壤性质、改善农产品品质和提高农产品产量方面具有重要意义和显著效果。

一、技术原理

秸秆商品有机肥生产的原理是利用速腐剂中菌种制剂和各种酶类在一定湿度（秸秆持水量65%）和一定温度下（50~70℃）剧烈活动，释放能量，一方面将秸秆的纤维素很快分解；另一方面形成大量菌体蛋白，为植物直接吸收或转化为腐殖质。通过创造微生物正常繁殖的良好环境条件，促进微生物代谢进程，加速有机物料分解，放出并聚集热量，提高物料温度，杀灭病原菌和寄生虫卵，获得优质的有机肥料。

二、工艺流程

秸秆商品有机肥生产工艺根据最终产品的不同而有所差别，对于精制有机肥和有机-无机复混肥来说，精制有机肥的工艺是有机-无机复混肥的工艺中的一部分。

1. 秸秆精制有机肥生产工艺

秸秆和畜禽粪便等混合而成的物料经过堆肥化处理可以形

成精制有机肥制品，生产过程主要包括原料粉碎混合、一次发酵、陈化（二次发酵）、粉碎和筛分包装几个部分。精制有机肥的生产方法主要有条垛式堆肥、槽式堆肥和反应器式堆肥等几种形式，它们各有优缺点，需要根据企业当地的具体情况加以选择，但它们的生产工艺流程大致相同。

2. 秸秆的有机-无机复混肥生产工艺

有机-无机复混肥不是简单的有机肥和无机肥的混合产物，它较单一生产有机肥或无机肥要难，主要在于两者造粒不易，或者是造粒产品不易达到国家标准《有机-无机复混肥料》（GB/T 18877—2020）有机肥本身性质是不易造粒的主要原因，按国家标准规定，有机肥在整个复混肥的原料中占比重不小于30%，而随着有机肥占的比重增加其成粒难度也会相应增大。

就现有工艺来说，有机-无机复混肥的生产工艺有两个阶段，一个是有机肥的生产阶段；另一个就是有机肥和无机肥的混合造粒阶段。有机肥的生产阶段与精制有机肥的生产相同，秸秆等物料也需要通过高温快速堆肥处理而成为成品有机肥。造粒阶段的流程主要包括有机肥和无机肥的混合→混合料的造粒→颗粒的筛分→产品的包装。

目前，成熟的造粒工艺主要包括以下几种。

（1）滚筒造粒。混合好的物料在滚筒中经黏结剂湿润后，随滚筒转动相互之间不断黏结成粒。黏结剂有水、尿素、腐植酸等种类，可依生产需要而定。本工艺主要特点是：有机肥不需前处理即可直接进行造粒；黏结剂的选择范围广，工艺通用性强；成粒率低，但外观好。

（2）挤压造粒。有机肥和无机肥按一定比例混合，经对辊造粒机或对齿造粒机等不同的造粒机进行挤压或碾压成粒。质地细腻且黏结性好的物料比较适合该工艺的要求。此外，必要时还需调节含水量以利于成粒。该工艺的主要特点是物料一般需要前处理；无须烘干，减少生产工序；产品含水量较高；

颗粒均匀，但易溃散；生产时动力要求大，生产设备易磨损。

（3）圆盘造粒。干燥和粉碎后的有机肥配以适量无机肥送入圆盘，经增湿器喷雾增湿后在圆盘底部由圆盘和内壁相互摩擦产生的力而黏结成粒，最后再次干燥后筛分装袋。圆盘造粒工艺现已发展出连续型和间歇型两种方法。该工艺特点是有机肥需要先进行干燥粉碎处理，工序烦琐；对有机肥的含量适应性强；颗粒可以自动分级但成粒率偏低，外观欠佳；生产能力适中。

（4）喷浆造粒。有机肥和无机肥按一定比例混合后投入造粒机内被扬起，然后喷以熔融尿素等料浆，在干燥和冷却的过程中逐步结晶达到相应的粒度。该工艺的特点是造粒需要高温；成粒率高，返料少；生产能力强。

除此之外，一些如挤压抛圆造粒的新型造粒工艺也已应用。其工艺流程大致是物料混合→圆盘喂料→挤压造粒→颗粒抛光整形→烘干、冷却和筛分→计量包装。该工艺兼具挤压造粒和滚筒造粒的优点，产品在成粒性、强度和外观上都不错。

产品的颗粒性、强度和外观等关系到产品的市场竞争力。一般情况下，颗粒均匀、强度适宜和外观良好的产品易于得到市场的青睐。

三、技术要点

1. 原料处理

秸秆一般不直接作为原料进行快速堆肥，而是首先进行粉碎处理，前人研究显示，秸秆粉碎到1cm左右是最适合进行堆肥的。粉碎好的秸秆与畜禽粪便等其他物料进行混合，其主要目的是调节原料的碳氮比［（25~30）：1］和含水量（60%左右），使之适合接种菌剂中的微生物迅速繁殖和发挥作用。据测算，一般猪粪和麦秸粉的调制比例10 ：3左右、牛粪和麦秸粉的调制比例3 ：2左右、酒糟与麦秸粉调制比例2 ：1（还需要调节含水量）左右是较为合适的，但生产上用料的配比需要依物料实际情况再调整。

2. 发酵

快速堆肥化方式生产有机肥时，物料大致经历升温、高温和降温 3 个阶段。

升温阶段大致是混合物料开始堆垛到一次发酵中温度上升至 45℃前的一段时间（2～3d），期间嗜温微生物（主要是细菌）占据主导地位并使易于分解的糖类等物质迅速分解释放大量热而使堆温上升。为了快速提高堆体中的微生物数量，常需要在混合料中加入专门为堆肥生产而研制的菌剂。

高温阶段主要是堆体温度上升到 45℃后至一次发酵结束的这段时间（1 周左右），该阶段中嗜热微生物（主要是真菌、放线菌）占据主导地位，其好氧呼吸作用使半纤维素和纤维素等物质被强烈地分解并释放大量的热。该阶段中要及时进行翻堆处理（4～5 次），依“时到不等温，温到不等时”的原则（隔天翻堆时，即使温度未达到限制的 65℃，也要及时翻堆；或者只要温度达到 65℃，即使时间未达到隔天的时间，也要进行翻堆），以调节堆体的通风量，保持温度在 50～65℃（最佳 55℃）。但是，绝对不可让堆体的温度增高到 70℃，因为此温度下大多数微生物的生理活性会受到抑制甚至死亡。该阶段也是有效杀灭病原微生物和杂草种子的阶段，是整个堆肥生产过程中的关键，其成功与否直接决定产品的质量优劣。

3. 陈化

陈化过程（历时 4～5 周）主要是对一次发酵的物料进行进一步的稳定化，对应的是堆肥的降温阶段。堆体温度降低到 50℃以下，嗜温微生物（主要是真菌）又开始占据主导地位并分解最难分解的木质素等物质。该阶段微生物活性不是很高，堆体发热量减少，需氧量下降，有机物趋于稳定。为了保持微生物生理活动所需的氧气需要在堆体上插一些通气孔。

4. 粉碎与筛分

陈化后的物料经粉碎筛分后将合格与不合格的产品分离，前者包装出售，后者作为返料回收至一次发酵阶段进行循环利用。

5. 造粒

根据生产中选择的造粒工艺，在造粒前要对有机肥进行一定的前处理。如工艺要求物料要细腻的需对其进行粉碎和筛分处理，工艺要求含水量低的需进行干燥处理等。

6. 烘干包装过程

经过造粒、整形、抛圆后的有机颗粒肥内含有一定的水分，颗粒强度低，不适合直接包装和贮存，需要经过烘干、冷却除尘、筛分等生产工序后，方可进行称重包装，入库贮存。

四、注意事项

（1）原料预处理。秸秆纤维素、木质素含量高，一般不直接作为原料进行快速堆肥，应先进行切短或粉碎处理。

（2）注意保温、保水、保通气。需要补水时，不应每天浇水，否则肥堆难以升温，肥水流失，难以腐熟，影响堆肥质量。当室外温度≤10℃时堆肥难以升温。

（3）复合菌种要保存在干燥通风的地方，不能露天堆放。避免阳光直晒，防止雨淋。

（4）有机肥必须完全腐熟，杀灭各种病原菌、寄生虫和杂草种子，使之达到无害化卫生标准。有机-无机复混肥中重金属含量、蛔虫卵死亡率和大肠杆菌量指标应符合要求。

第四章　秸秆能源化综合利用

秸秆能源化利用主要包括秸秆沼气、纤维乙醇及木质素残渣配套发展、固体成型燃料、秸秆气化、秸秆快速热解和秸秆干馏炭化等方式。秸秆能源化利用的主要任务是积极利用秸秆生物气化（沼气）、热解气化、固化成型及炭化等发展生物质能，逐步改善农村能源结构；在秸秆资源丰富地区开展纤维乙醇产业化示范，逐步实现产业化，在适宜地区优先开展纤维乙醇多联产生物质发电项目。

第一节　秸秆固体成型技术

秸秆固化成型技术是一种利用成型机将粉碎后的秸秆在一定温度及含水量的条件下压缩成固体生物质能燃料的技术，其为解决我国秸秆处理难问题提供了新的有效途径。

一、固化成型技术

1. 秸秆的预处理

预处理是指在固化成型之前先对秸秆进行除杂、粉碎、干燥等处理，使后续成型能够顺利进行。经过预处理之后的秸秆才能够进入成型机成型。

（1）除杂。田间秸秆收获时经常会混入泥土、砂石甚至塑料薄膜等杂质，这些不仅会使秸秆难以成型，还会加快成型机的磨损，降低成型机的使用寿命。因而除杂是秸秆固化成型过程中所需要进行的最基础一步，除杂完成后，秸秆将进入下一工序。

（2）粉碎。秸秆固化成型工艺中对秸秆的颗粒度以及含水量都有着较为严格的要求。适宜的颗粒度和含水量对成型效果至关重要。颗粒度的大小要与成型孔的孔径大小相适配，过大或过小的颗粒度均不适宜成型。若颗粒度过大，接近甚至大于孔径，在挤压成型的过程中将会使所需的挤压力以及造成的摩擦力增大，从而增大成型难度，加剧成型部件的磨损，降低成型机使用寿命。反之，当颗粒度过小，近于粉末时，挤压过程中易造成胶连，堵塞成型孔。

（3）干燥。与粉碎同时匹配的工序是干燥，对于不同的情况，可先干燥后粉碎，也可干燥与粉碎相结合。农作物收获时，秸秆中含有大量的水分，由于我国一年两熟、两年三熟区赶农时现象广泛，大量秸秆无法在地里自然晾干。而对于成型加工基地来讲，若单纯地采用自然晾晒的方法，一则含水量未必能够达标，二则大量的秸秆堆积需要占据极大的贮存空间和晾晒场地，因此不适宜单纯采用自然晾干方式。若单纯使用人工方式进行烘干，将 1t 秸秆的含水量从 50%降到 15%，至少要消耗 100kg 标煤，这种能源和经费的投入会影响秸秆成型加工企业的规模化建设。

针对这种情况，最有效的方式就是采用自然晾晒与人工干燥相结合的方法来完成秸秆干燥工序。对于一年两熟区和两年三熟区，如秸秆能有较多时间自然晾晒，可以等自然晾晒一段时间后再行收购，在粉碎前或粉碎后进行人工干燥使其达到固化成型所需要的适宜含水量。而对于农民无法自行进行自然晾晒的秸秆，可在收购后集中贮存，利用自身厂房或租用空旷的土地进行一段时间的自然晾晒。在某些地区，秸秆收获后正值多雨季节，对这一类秸秆可进行完全人工干燥，但要尽可能在满足固化成型要求下减少能源消耗。

2. 固化成型技术的原理与分类

作为固化成型原料的生物质能材料都是由纤维素、半纤维素和木质素构成。挤压过程中的高温使木质素熔融成胶黏剂，纤维素等充当骨架从而使原本稀松的生物质材料被压缩成致密的生物质能燃料，这就是固化成型的本质原理。生物质固化成型技术的工艺根据其成型的原理不同划分为热压成型、湿压（冷压）成型、炭化成型三种。其成型原理依次为原料在170～220℃高温及高压下压缩成625kg/m³的高密度成型燃料；原料在常温及高压下压缩，通过生物质纤维结构互相镶嵌包裹而形成高密度成型燃料；原料干燥后在缺氧条件下焖烧，从而得到机制木炭成型燃料。

无论是哪一种成型技术，其成型效果都受到材料自身生物特性、含水量及温度的综合影响。不同作物秸秆成型过程中所适宜的温度及含水量均不相同，其成型难度及成型效果也不尽相同，如稻草的成型难度就低于玉米秸秆，成型效果也更好，这是由生物质本身属性决定的。由于不同作物秸秆属性不同，同一成型机或成型流水线无法同时适应多种作物秸秆，无法同时适应不同含水量的秸秆，因而在实际应用中成为制约秸秆固化成型技术推广的重大难题。由此显示出预处理过程中干燥的重要性。

按挤压方式分类，又可分为螺旋挤压成型、活塞冲压成型和模辊碾压成型3种。其中螺旋挤压式和活塞冲压式属于热压成型范畴，模辊碾压式属于冷压成型范畴。这一分类方式与成型机匹配，对应的是螺旋挤压成型机、活塞冲压成型机和模辊碾压成型机。

二、固化成型机

1. 固化成型机的工作原理

（1）螺旋挤压成型机。螺旋挤压成型机是早期的热成型机器之一，其成型部件为套筒和螺杆。套筒外缠绕着电阻丝用于加热以实现热成型所需要的温度。工作时，物料填入套筒，在加热条件下物料中的木质素开始熔融，螺杆旋转压缩物料后从末端挤出成型。该成型设备成型效果好，但是能耗高，难以进行连续生产，加之成型部件受加热挤压力及摩擦力多重作用导致使用寿命短，无法满足大批量生产的要求，也难以降低成本，因而不便于推广使用。

（2）活塞冲压成型机。活塞冲压成型机是利用活塞的往复运动，将物料在模具中冲压成型。它极大地改善了螺旋挤压成型设备中对物料要求严格、主要零部件磨损严重的问题，并且降低了能耗。但是活塞冲压成型机结构复杂，占地大，工作起来震动严重，这些问题使活塞冲压成型机也难以被广泛推广使用。

（3）模辊碾压成型机。模辊碾压成型机分为平模和环模两种，其中环模又分为立式和卧式两种。虽然结构有区别，但基本工作原理类似，都是利用挤压力和摩擦力来成型。对平模成型机，物料进料后直接落在平模板上，靠辊轮的运动将物料压进成型孔成型。环模成型机物料进料后受离心力作用贴附在环模上，在辊轮挤压作用下成型。由于模辊碾压成型机结构相对简单，占地小，适合连续工作，使其成为易于推广的一类成型设备，但此类设备由于结构上的一些缺陷，在实际使用中仍存在较大问题。

2. *成型机存在的主要问题及解决方法*

以模辊碾压式成型机为例，介绍成型机存在的主要问题及解决方法。

（1）核心部件磨损严重。模辊碾压式成型机以其结构简单、占地面积小、连续工作性能好的特点成为最适合推广的成型机。由于模辊碾压式成型机的工作原理是利用摩擦力挤压成型，因此其主要工作部件模辊面临的第一问题就是磨损。在平模成型机中，由于辊转动时两端速度的不同，造成两端磨损不同，即发生错位磨损效应，以致进一步加剧平模和辊之间的摩擦。研究人员在对其研究后得出结论：磨损效应最小时，平模与辊的接触点位于模辊接触线的中点，为了将磨损效应减至最小，可将圆柱辊改成圆锥辊。除此设计上的改动外，在机器材料选用上也应当为模辊选用更耐磨的材料。环模锥角在4°~10°的范围内，锥角越大，最大磨损量越大。因此，在保证秸秆固化成型的产量和质量条件下，为了增大环模的使用寿命，在环模设计中，应尽量使环模的磨损量降低，应该选用锥孔锥角为4°的环模。

（2）自动化程度低。由于我国的秸秆固化成型设备有小型化的趋势，很多机器都只具有单纯的固化成型作用，而不是完整的自动化一条龙流水线。当只有成型机单机工作时，其进料的连续性难以保证，进料的量与速度也多数由人依照经验判断供给，无法实现精准流水作业，难以发挥出产品设计的最大生产力。针对此问题，有条件的工厂可以建立干燥粉碎运料成型一体生产线，或单纯增加供料装置，先行通过人工喂料测试出最佳喂料量和喂料速度，而后利用传送带等装置进行投喂，这样既减轻了人的劳累度，又能使机器在最佳工作状态下运行。

（3）成型机适应性差。多数成型机设计时的模辊转速和压力无法调节或调节范围过小，这就使成型机在使用过程中只对一种或少数几种秸秆原料成型效果好，只对某一狭小区间的颗粒度和含水量的原料成型效果好。这造成了成型机对原料的种类、颗粒度、含水量要求苛刻，当原料无法达到要求时，则成型效果差甚至无法成型。这种低适应性机器只适用单一作物种植区，无法满足对不同秸秆的成型要求，极大地限制了秸秆固化成型技术的推广。当下，生物质能燃料处在供不应求的状态，由于成型机的缺点而不能进行大批量生产应是其中重要的原因。

三、技术原理

秸秆固体成型燃料就是利用木质素充当黏合剂将松散的秸秆等农林剩余物挤压成颗粒、块状和棒状等成型燃料。秸秆固化成型燃料是一种优质燃料，具有高效、洁净、点火容易、便于贮存和运输、易于实现产业化生产和规模应用等优点。秸秆固化成型后，燃烧特性可得到明显改善，使用时火力持久，炉膛温度高，可为农村居民提供炊事、取暖用能，也可以作为农产品加工业（粮食烘干、蔬菜、烟叶等）、设施农业（温室）、养殖业等不同规模的区域供热燃料。另外，也可以作为工业锅炉和电厂的燃料，替代煤等化石能源。

四、技术流程

农林废弃物的固体成型技术按生产工艺分为黏结成型、压缩颗粒燃料和热固体成型工艺，可制成棒状、块状、颗粒状等各种形状。固体成型的工艺流程主要是将回收的农作物秸秆粉碎、堆放软化（含水量控制在15%~35%）、经上料机将物料送进生物质燃料成型机内模压成型、冷却、定量包装。

五、适宜区域

秸秆固体成型燃料适用于粮食主产区或农产品加工厂附近，即农作物秸秆或农产品加工废弃物资源量大的区域。此外，亦可用于林业资源丰富的区域，或木材加工厂附近区域等。

六、技术操作要点

1. 干燥

秸秆的含水量在20%~40%，通过自然晾晒或烘干方法进行干燥。用滚筒干燥机进行烘干，可将原料的含水量降低至8%~10%。原料太干，压缩过程中颗粒表面的碳化和龟裂有可能会引起自燃；而原料水分过高时，加热过程中产生的水蒸气就不能顺利排出，会增加体积，降低机械强度。

2. 粉碎

秸秆类原料需通过粉碎机进行粉碎处理，通常使用锤片式粉碎机，粉碎的粒度由成型燃料的尺寸和成型工艺所决定。

3. 调湿

加入一定量的水分后，可以使原料表面覆盖薄薄的一层液体，增加黏结力，便于固体成型。

4. 成型

生物质通过固体成型，一般不使用添加剂，此时木质素充当了黏合剂。

七、注意事项

1. 挥发分含量较高

农作物秸秆中的挥发分一般在76%~86%，其存储了超过2/3的热量，且一般在200~300℃时开始析出。如果此时无法提供足够的助燃空气，则未燃尽的挥发成分被气流带出，形成黑烟，传统的燃煤锅炉设计方法和操作规程并不适合于农作物秸秆。

2. 灰分含量高

由于秸秆类生物质中的灰分含量通常较高，因此，颗粒燃料的灰分沉积速度一般大大超过煤的燃烧，有的甚至超出煤炭大约一个数量级。此外，积灰中通常存在大量的氯化钾等氯化物，也是需要注意的一个问题。

3. 结渣现象严重

在秸秆生长过程中，会吸收包含一定含量的碱金属元素(包括钾、钠、氯、硫、钙、硅、磷等)，其以盐或者氧化物的形式存在于生物质机体内部或者灰分等杂质中。当稻秆类生物质固体成型燃料燃烧时达到的温度远远高于灰熔点温度范围，导致炉底的秸秆灰在800~900℃时就开始软化，温度过高时灰分会全部或者部分发生熔化，导致结渣率较高。试验表明，玉米秸秆颗粒燃料的结渣率在50%以上。这不仅影响燃烧设备的热性能，而且会危及燃烧设备的安全。

4. 氮氧化物排放量较高

生物质燃烧设备产生的氮氧化物主要是由燃料中的氮元素氧化产生的，既来自气相燃烧也来自固相燃烧过程。其他氮氧化物可能是某些特定条件下由空气中氮元素形成的。生物质燃烧排放的最主要氮氧化物是一氧化氮，它在大气中会转变为二氧化氮。

八、秸秆固化成型利用模式

1. 建立“2+X”多元化利用模式

积极推行以秸秆机械化还田与固化成型利用为主，以秸秆气化、编织草帘、培植蘑菇等其他多种利用形式为补充的“2+X”秸秆利用模式，将秸秆变废为宝，全面禁止秸秆露天焚烧或弃置河道。对秋季水稻秸秆加强固化成型利用，建立考核激励机制。对购买秸秆固化成型设备的，优先安排农机购置补贴资金；对秸秆固化生产用电，给予农用电价优惠；对投产的秸秆固化成型利用生产线，每条给予适当的财政补贴。

2. 建立“企业+农机大户”实体化投资模式

在秸秆固化成型利用生产线建设中，紧抓一个关键环节，即选好投资主体，积极引导有能力、有信誉、有眼光、有决心的企业及农机大户投资建设秸秆固化成型利用生产线。

3. 建立“农户+经纪人”网络化收运模式

秸秆固化成型利用生产线建成后，能否真正发挥作用，在很大程度上取决于秸秆收购、运输和贮存。为此，行政村可建立秸秆收运经纪人队伍，开辟秸秆收运“绿色通道”，由农户将秸秆集中堆放或送至经纪人指定场所贮存，再由经纪人将其运至秸秆固化利用场所。为充分调动农户和经纪人的积极性，可明确秸秆保底收购价，并对经纪人按贡献大小给予适当的财政补贴。

4. 建立“部门+乡镇”优质化帮办模式

为了使秸秆固化成型利用工作进展快、收效好，农机、农业、农工、水利等部门可以加大宣传引导、技术指导、现场督导力度，积极做好对口帮办、帮扶、协调工作；乡镇政府及村委会加大行政推动力度，积极协调解决秸秆固化成型利用生产线在建设与发展中存在的问题，特别是用地、用电、经纪人队伍建立等突出问题，确保秸秆固化成型利用生产线发挥效能无障碍、安全生产无事故。

第二节　秸秆制沼气技术

秸秆沼气（生物气化）指以秸秆为主要原料，经微生物发酵作用生产沼气和有机肥料的技术。该技术充分利用水稻、小麦、玉米等秸秆原料，通过沼气厌氧发酵，解决沼气推广过程中原料不足的问题，使不养猪的农户也能使用清洁能源。秸秆沼气技术分为户用秸秆沼气和大中型集中供气秸秆沼气两种形式。秸秆入池产气后产生的沼渣是很好的肥料，可作为有机肥料还田（即过池还田），提高秸秆资源的利用效率。研究表明，每千克秸秆干物质可产生沼气 $0.35m^3$。因此，秸秆沼气化是开发生物能源，解决能源危机的重要途径。今后要加强农作物秸秆沼气关键技术的开发、引进与应用，探索不同原料、不同地区、不同工艺技术的适宜型秸秆沼气工程，提高秸秆在沼气原料中的比重。将秸秆沼气与新农村、美丽乡村建设和循环农业、生态农业发展相结合，稳步发展秸秆户用沼气，加快发展秸秆大中型沼气工程。

利用稻草、麦秸等秸秆为主要原料生产沼气，发酵装置和建池要求与以粪便为原料沼气完全相同。主要工艺流程：稻草或麦秸等→粉碎→水浸泡→堆沤（稻草或麦秸等加入速腐剂及部分人、畜粪便）→进池发酵→产气使用。主要环节及技术要点如下。

一、原料预处理

通过秸秆预处理提高秸秆的产气率和利用率，已成为目前秸秆沼气利用研究的一种有效手段。

1. 物理方法

常见的物理方法包括粉碎、磨碎、高压和高温蒸煮等。其目的是增加微生物与基质的接触面积，提高消化效率；或通过破坏秸秆木质纤维素的晶体结构，使其更易受到消化酶的攻击而水解。研究发现，稻草粉碎后的产气率能提高 17%；通过高温处理的稻草，产气率也有提高。当温度从 60℃ 上升到 110℃时，其产气率提高了 2.5%～7.5%，但是产气量并不是随着温度的上升而直线上升。通过辐射进行秸秆预处理是近年来报道较多的一项新技术。据报道，当辐射剂量超过 2.0×10^{7} 伦琴（1 伦琴 $=2.58\times10^{-4}$ C/kg）时，可以有效地破坏秸秆的细胞壁结构，从而提高秸秆产气率。

2. 化学方法

化学处理法就是向秸秆中加入化学试剂，使其细胞壁结构和化学成分发生明显的变化，破坏秸秆中难被微生物分解的部分，亦能调节碳氮比。常用的方法主要有碱化、氨化等。

碱化技术就是用氢氧化钠、氢氧化钾或氢氧化钙，等溶液浸泡秸秆或喷洒于秸秆表面，破坏纤维素、半纤维素和木质素之间的酯键；同时改变纤维物质的内部结构，使纤维素膨胀，从而提高消化率。在玉米秸秆中添加氢氧化钠溶液，当添加量达 6% 时，秸秆产气量显著上升，比未处理的秸秆提高了 61.4%。酸化处理一般使用盐酸、硫酸、磷酸等化学试剂酸，其原理与碱处理大致相同。但由于成本较高，一般较少使用。

氨化技术就是用氨水或尿素处理秸秆，大致可以分为 3 种作用：碱化作用，氨为碱性，故可起到与上述碱化处理同样的效果；氨化作用，氨与秸秆中的有机物质发生反应，形成的铵盐是发酵过程中厌氧微生物的部分氮素来源；中和作用，可与秸秆中的潜在的有机酸结合，消除环境中的酸性，从而提高微生物的活性，增加秸秆产气量。

3. 生物方法

物理和化学预处理技术都是借助外力改变秸秆的结构和成分，投入成本较高且易造成二次污染。而生物预处理是在人工控制的条件下，通过木质纤维素降解能力强的微生物，如某些细菌、放线菌、真菌等，对秸秆进行固态发酵，把木质纤维素预先降解成易于厌氧菌消化的简单物质的过程。

厌氧消化后的沼液富含酶和微生物，采用沼液对稻草进行堆沤预处理，堆沤处理后稻草总产气量增加。但由于秸秆的堆沤处理周期较长，一定程度上影响了后续的秸秆供给，因此如何缩短堆沤时间，提高干物质消化率成为目前国内外研究的焦点。

通过选择性培养或基因工程改造，筛选稳定性好、生长势高、酶活力强的菌种，已成为一种流行趋势。在堆沤过程中加入高效的木质纤维素降解菌，并摸索其适宜的发酵条件，包括含水量、温度、pH 值、碳氮比等，是强化秸秆预处理的有效方法。目前，科学研究者发现自然界中只有少数真菌具有较强的木质素分解能力，而白腐菌是最为重要的木质素降解菌。所以，当前研究主要集中于白腐菌和复合菌剂对秸秆预处理的效果。可将解磷菌、变色栓菌、白腐菌、固氮菌以及康氏木霉按照一定比例，通过微生物间互利共生的原理配制成新型复合微生物菌剂。通过堆沤处理，堆料中纤维素、半纤维素和木质素的含量均有不同程度的降低，分别减少了 47%、38%和 42%，且缩短了发酵时间，产气效率大大提高。

4. 物理、化学、生物方法混合预处理

物理、化学、生物混合预处理技术是生物质能源研究的新热点。通过物理法和化学法将秸秆的结构破坏，增加微生物与纤维素、半纤维素和木质素的接触面积，提高降解效率。这种混合预处理方法不仅降低了单一处理的成本，还拓宽了技术的使用范围。

二、投料

将预处理的原料和准备好的接种物混合在一起投入池内。如在大出料时将接种物留在了池内，将原料投入池内拌匀即可。

三、加水封池

原料和接种物入池后，要及时加水封池。现有水压式沼气池以料液量约占沼气池总容积的90%为宜。然后将池盖密封。加入沼气池的水可依次选用沼气发酵液、生活废水、河水或坑塘污水等；水温应尽可能地提高，如日晒增温或晴天中午取水。但不得使用含有毒性物质的工业废水。

四、放气试火

沼气发酵启动初期，通常不能点燃。因此，当沼气压力表压力达到400mm汞柱时，应进行放气试火，放气1~2次后，所产沼气可正常点燃使用时，沼气发酵启动阶段即告完成。

五、定时进、出料

当沼气发酵启动之后，即进入正常运转阶段。为了维持沼气池的均衡产气，启动运行一定时间后，就应根据产气效果的变化确定补料。正常运转期间加入池的稻草、麦秸等原料，粉碎并用水或发酵液浸透即可。为了便于管理和均衡产气，最好每隔8~10d补料1次。产气量不足时，则应每5~7d添加稻草1次。补料时要先出后进，每次出料的发酵液可以循环使用。

六、大换料

若实行秋季每年1次大换料，并以成批投料为主时，启动投料浓度在8%~10%，到翌年春末不必添料，以后产气量不足时每月添料1~2次，每次添料40~80kg干物质。大换料要求池温15℃以上季节进行，低温季节不宜进行大换料。大换料时应做到以下几点：大换料前5~10d应停止进料启动；要准备好足够的新料，待出料后立即重新进行启动；出料时尽量做到清除残渣，保留细碎活性污泥，留下10%~30%的活性污泥为主的料液作为接种物。

七、定期搅拌

水压式沼气池无搅拌装置，可通过进料口或水压间用木棍搅拌，也可以从水压间淘出料液，再从进料口倒入。

浮料结壳并严重影响产气时，则应打开活动盖进行搅拌。冬季减少或停止搅拌。

八、增保温措施

常温发酵沼气池，温度越高沼气产量越大。应尽量设法使沼气池背风向阳。冬季到来之前，防止池温大幅度下降和沼气池冻坏，应在沼气池表面覆盖柴草、塑料膜或塑料大棚。“三结合”沼气池，要在畜圈上搭建保温棚，以防粪便冻结。农作物秸秆等堆沤时产生大量热量。正常运转期间可在池上大量堆沤稻草，给沼气池进行保温和增温。覆盖法进行保温或增温，其覆盖面积都应大于沼气池的建筑面积，从沼气池壁向延伸的长度应稍大于当地冻土层深度。

九、安全生产与管理

沼气发酵启动进过程中，试火应在燃气灶具上进行，禁止在导气管口试火；沼气池在大换料及出料后维修时，要把所有盖口打开，使空气流通，在未通过动物试验证明池内确系安全时，不允许工作人员下池操作；池内操作人员不得使用明火照明，不准在池内吸烟；下池维修沼气池时不允许单人操作，下池人员要系安全绳，池上要有人监护，以防发生意外可以及时进行救援；沼气池进出料口要加盖；输气管道、开关、接头等处要经常检修，防止输气管路漏气和堵塞，水压表要定期检查，确保水压表准确反映池内压力变化，经常排放冷凝水收集器中的积水，以防管道发生水堵；在沼气池活动盖密封的情况下，进出料的速度不宜过快，保证池内缓慢升压或降压；在沼气池日常进出料时，不得使用沼气燃烧器和有明火接近沼气池。

第三节　秸秆热解气技术

一、秸秆气化技术

1. 技术原理

生物质气化集中供气系统是20世纪90年代以来在中国发展起来的一项新的生物质能源利用技术。该技术是以生物质为原料，以氧气（空气、富氧或纯氧）、水蒸气或氢气等作为气化剂（或称气化介质），在高温条件下通过热化学反应将生物质中可燃的部分转化为可燃气的过程。生物质气化时产生的气体，主要有效成分为一氧化碳、氢气和甲烷等，称为生物质燃气。

2. 工艺流程

集中供气系统的基本模式：以自然村为单元，系统规模为数十户至数百户，设置气化站（气柜设在气化站内），敷设管网，通过管网输送和分配生物质燃气到用户的家中，为农村居民提供炊事用能。

集中供气系统中包括原料前处理（切碎机）、上料装置、气化炉、净化装置、风机、储气柜、安全装置、管网和用户燃气系统等设备。

3. 设备选型、工艺参数

生物质气化反应发生在气化炉中，是气化反应的主要设备。在气化炉中，生物质完成了气化反应过程转化为生物质燃气。针对其运行方式的不同，可将气化炉分为固定床气化炉和流化床气化炉，而固定床气化炉和流化床气化炉又分别具有多种不同的形式。

（1）固定床气化炉。定床气化炉的气化反应一般发生在一个相对静止的床层中进行，生物质依次完成干燥、热解、氧化和还原反应。根据气流运动方向的不同，固定床气化炉可分为上吸式、下吸式和横吸式。

上吸式固定床气化炉：生物质由上部加料装置装入炉本体，然后依靠自身的重力下落，由向上流动的热气流烘干、析出挥发分，原料层和灰渣层由下部的炉栅所支撑，反应后残余的灰渣从炉箅下方排出。气化剂由下部的送风口进入，通过炉箅的缝隙均匀地进入灰渣层，被灰渣层预热后与原料层接触并发生气化反应，产生的生物质燃气从炉体上方引出。上吸式气化炉的主要特征是气体的流动方向与物料运动方向是逆向的，所以又称逆流式气化炉。

因为原料干燥层和热解层可以充分利用还原反应气体的余热，可燃气在出口的温度可以降低至300℃以下，所以上吸式气化炉的热效率高于其他种类的间定床气化炉。在气化过程中也可加入一定的水蒸气，以提高燃气中氢含量，提高燃气热值。但是，上吸式气化炉燃气中的焦油含量较高，需要进一步净化处理。

下吸式固定床气化炉：其特征是气体和生物质的运动方向相同，所以又称顺流式气化炉。下吸式气化炉一般设置高温喉管区，气化剂通过喉管区中部偏上的位置喷入，生物质在喉管区发生气化反应，可燃气从下部被吸出。下吸式气化炉的热解产物必须通过炽热的氧化层，因此，挥发分中的焦油可以得到充分分解，燃气中的焦油量大大地低于上吸式气化炉。它适用于相对干燥的块状物料（含水量低于30%）、块状物料（灰分低于1%）及含有少量粗糙颗粒的混合物料，且结构较为简单，运行方便可靠。由于下吸式气化炉燃气中的焦油量较低，特别受到了小型发电系统的青睐。

下吸式固定床气化炉通常为圆形，用钢板制成。气化室用耐火材料作为炉衬，防止烧损。炉内装有炉算、风道和风嘴，炉外上下分别设有加料口和清灰口。燃料从加料口加入，由炉算托住，引燃后密封，向炉内鼓风即可产生燃气。由于受到物理条件制约，气化炉的直径不能过大，其容量的上限约500kg/h或500kW。

另外，有一种下吸式气化炉的特例，用转动炉栅替代了高温喉管区，被称为开心式固定床气化炉。由我国研制成功，主要应用于稻壳气化，已经商业化运行多年。

横吸式固定床气化炉：其特征是空气由侧方向供给，产出气体从侧向流出，气体流横向通过气化区。一般适用于木炭和含灰量较低物料的气化。

（2）流化床气化炉。流化床气化炉多选用惰性材料（如石英砂）作为流化介质。首先使用辅助燃料（如燃油或天然气）将床料加热，然后生物质进入流化床与气化剂进行气化反应，产生的焦油也可在流化床内分解。流化床原料的颗粒度较小，以便气固两相充分接触反应，反应迅速，气化效率高。如果采用秸秆作为气化原料，由于其灰渣的灰分熔点较低，容易发生床结渣而丧失流化功能。因此，需要严格控制运行温度，反应温度一般为700~850℃。

流化床气化炉可分鼓泡床气化炉、循环流化床气化炉、双床气化炉和携带床气化炉。

4. 技术要点

秸秆类原料首先用切碎机进行前处理，然后通过上料机构送入气化炉中。秸秆在气化炉中发生气化反应，产生粗煤气，由净化系统去除其中的灰分、炭颗粒、焦油和水分等杂质，并冷却至室温。经净化的生物质燃气通过燃气输送机被送至储气柜，储气柜的作用是贮存一定容量的生物质燃气，以便调整炊事高峰时用气，并保持恒定压力，使用户燃气灶稳定地进行工作。气化炉、净化装置和燃气输送机统称为气化机组。储气柜中生物质燃气通过管网分配到各家各户，管网由埋于地下的主、干及支管路组成，为保证管网的安全稳定的运行，需要安装阀门、阻火器和集水器等附属设备。用户的燃气系统包括室内燃气管道、阀门、燃气计量表和燃气灶，因生物质燃气的特性不同，需配备专用的燃气灶具。用户如果有炊事的需求，只要打开阀门，点燃燃气灶就可以方便地使用清洁能源，最终完成生物质能转化和利用过程。

5. 注意事项

生物质气化集中供气系统在使用时，应注意以下问题。

（1）一氧化碳中毒。秸秆气化一氧化碳含量约 20%，有可能带来安全隐患。

（2）二次污染问题。粗燃气含有焦油等有害杂质，采用水洗法净化过程中会产生大量含有焦油的废水，如果随意倾倒，就会造成对周围土壤和地下水的局部污染。如何处理好这些污染物，不使这些污染物对环境造成更为严重的二次污染，是秸秆气化集中供气系统所面临的突出问题。

（3）减少燃气中的焦油量。由于系统的规模较小，对生物质燃气中焦油净化的并不完全，已净化燃气中焦油量比较高，在实际使用过程中，给系统长期稳定运行和用户使用带来了问题。

二、秸秆干馏技术

1. 技术原理

该技术是将秸秆经烘干或晒干、粉碎，在干馏釜中隔绝空气加热，制取醋酸、甲醇、木焦油抗聚剂、木馏油和木炭等产品的方法，也称秸秆炭-气-油多联产技术。通过秸秆干馏生产的木炭可称之为机制秸秆木炭或机制木炭。根据温度的不同，干馏可分为低温干馏（温度为500~580℃）、中温干馏（温度为660~750℃）和高温干馏（温度为900~1 100℃）。

100kg秸秆能够生产秸秆木炭30kg、秸秆醋液50kg、秸秆气体18kg。在传统木炭生产逐渐萎缩的形势下，秸秆干馏拓展了木炭生产的原料来源。通过秸秆炭化生产机制秸秆木炭，不仅可减少木材消耗，而且原料丰富，原料成本低，在炭的质量上也远胜于用传统的焙烧方式生产的木材木炭。优质的秸秆木炭可用于冶金业、化工业、纺织印染业等。

秸秆醋液作为一种天然的农业生产资料，对人畜无毒副作用，是民用化学品和农用化学品的理想替代物，具有防虫、防病、促进作物生长的作用，可用于养殖和公共场所的消毒、除臭等，用于蔬菜、水果等农作物的病虫害防治效果明显，并可生产出无公害农产品。秸秆干馏过程中产生的可燃气主要成分为二氧化碳、一氧化碳、甲烷、乙烷和氢气等，其产量与组成因温度和加热速度不同而各异，可用于供暖或为农村居民提供生活用能。

生物质的热裂解及气化还可产生生物炭，同时可获得生物油及混合气。生物油及混合气可升级加工为氢气、生物柴油或化学品，这有助于减轻对化石能源或原料的依赖。生物炭是生物质在缺氧及低氧环境中热裂解后的固体产物，大多为粉状颗粒，是一种碳含量极其丰富的炭，其中的碳元素被矿化后很难再分解，可以稳定地将碳元素固定长达数百年。为了应对全球气候变化，生物炭正在成为人们关注的焦点，在农业领域，生物炭作为一种农业增汇减排技术途径得到不断开发和应用，主要包括作为土壤改良剂、肥料缓释载体及碳封存剂等。不少人认为在土壤中添加生物炭是一种气候变化减缓战略和恢复退化土地的方式，但还存在一定的争议。

2. 工艺流程

秸秆炭-气-油多联产是指在利用机制设备生产秸秆炭的同时，将产生的秸秆气经过净化、调质等工艺进行回收利用，净化回收秸秆焦油、醋液和甲醇等副产品，由单一木炭生产变为木炭、燃气、焦油、木醋液、甲醇的联合生产。

木材干馏的工艺流程包括木材干燥、木材干馏、气体冷凝冷却、木炭冷却和供热系统。木材可采用自然干燥和人工干燥的方式，一般要求原料的含水量低于 20%。木材干馏产生的蒸汽和气体混合物在焦油分离器或列管冷凝器中进行冷凝冷却，使其中可凝结的蒸汽冷凝为木醋酸、焦油。木炭可在干馏釜或专门的冷却设备进行冷却。供热系统可为木材干馏提供热量，所用的燃料包括干馏产生的木煤气、煤气或煤等。

木材干馏设备即干馏釜，根据加热方式的不同，可分为内热式和外热式。当热量通过釜壁传给木材称为外热式，而木材通过载热体进入釜内与木材直接接触称为内热式。根据釜的形式不同可分为卧式和立式，根据操作方式的不同可分为连续式和间歇式。以下以内热立式干馏釜为例，对木材干馏的工艺流程加以说明。

工艺材在料场成捆装入车内，经轨道送至断材机截成 200mm 长的木段，通过传送机和提升机送至干燥器进行干燥。干燥的热源为木煤气。干木段间歇出料，由传送带和提升机送至干馏釜。

干馏釜是半连续方式工作的，木段在其中干燥、碳化、煅烧和冷却。用木煤气燃烧产生的热烟气载热体，在开始启动或低负荷运行时可使用煤气作为辅助燃料。随着碳化进程，向干馏釜的下部送入冷的不凝缩性气体，用来冷却木炭，亦可回收部分热量，木炭经提升机送入木炭库。

干馏所产生的蒸汽和气体混合物与热载体从干馏釜的上部被引出，依次通过前冷凝器和列管式冷凝器，分离出木醋液收集在木醋液贮槽，不凝缩性气体由风机送至泡沫吸收器，用水吸收甲醇等低沸点组分，而气体冷却到20~30℃，经鼓风机冷却木炭，然后燃烧产生载热体。

影响立式干馏釜产量的主要因素包括木材含水量、木材形态、加料速度、载热体温度和数量及气体出口温度与压力等。其中，木材含水量和载热体温度的影响最大。一般每立方米的木材可以得到137kg木炭、37kg醋酸和65kg焦油。

3. 技术要点

（1）原料准备。根据秸秆炭化要求贮备原料。如果以固化秸秆为原料，必须配备必要的秸秆固化设备，并按照工艺对秸秆进行固化。生产1t木炭需要固化成型秸秆3t，原秸秆4t。

（2）切碎。粒度较小的秸秆经筛选后可直接使用。对于较长的秸秆，要利用铡切机切成长短适中的原料。

（3）干燥。秸秆直接碳化，可对原料进行自然干燥、人工干燥或烘干，一般要求原料的含水量低于20%。烘干的热源可利用秸秆碳化过程中产生的煤气（又称秸秆气）。

（4）包装入库。木炭贮存切记防火、防潮、防水。

第四节　秸秆发电技术

秸秆资源是新能源中最具开发利用价值的一种绿色可再生能源，是最具开发利用潜力的新能源之一，具有较好的经济、生态和社会效益。每2t秸秆的热值就相当于1t标准煤，而且其平均含硫量只有3.8‰，而煤的平均含硫量约达1%，它的灰含量均比目前大量使用的煤炭低，在生物质的再生利用过程中，排放的二氧化碳与生物质再生时吸收的二氧化碳达到碳平衡，具有二氧化碳零排放的作用，是一种很好的清洁燃料，在有效的排污保护措施下发展秸秆发电，会大大地改善环境质量，对环境保护非常有利。如果将我国每年生产的6亿多吨秸秆资源用于发电，相当于0.9亿kW火电机组年平均运行5 000h，年发电量为4 500亿kW·h。农村推广实施秸秆发电技术，在节省不可再生资源、缓解电力供应紧张等方面都具有特别重要的意义。

一、秸秆燃烧发电的方式

秸秆燃烧发电的方式可分为两种，即秸秆气化发电和秸秆直接燃烧发电。

1. 秸秆气化发电

秸秆气化发电是在气化炉中将秸秆原料在缺氧状态下燃烧，发生化学反应，生成高品位、易输送、利用效率高的可燃气体，产生的气体经过净化，供给内燃机或小型燃气轮机，带动发电机发电。但秸秆气化发电工艺过程较复杂，难以适应大规模应用，一般主要用于较小规模的发电项目，多数不大于6MW。

2. 秸秆直接燃烧发电

秸秆与过量空气在锅炉中直接燃烧，或是将秸秆燃料与化石燃料混合燃烧，释放出来的热量与锅炉的热交换部件换热，产生出的高温、高压蒸汽在蒸汽轮机中膨胀做功转化为机械能驱动发电机发出电能。秸秆直接燃烧发电技术已基本成熟，进入推广阶段，这种技术在规模化情况下，效率较高，单位投资也较合理；但受原料供应及工艺限制，发电规模不宜过大，一般不超过30MW。适用于农场以及我国北方的平原地区等粮食主产区，便于原料的规模化收集。

二、秸秆发电的工艺流程

1. 秸秆的处理、输送和燃烧

发电厂内建设独立的秸秆仓库，要测试秸秆含水量。任何一包秸秆的含水量超过25%，则为不合格。在欧洲的发电厂中，这项测试由安装在自动起重机上的红外传感器来实现。在国内，可以手动将探测器插入每个稻秆捆中测试水分，该探测器能存储99组测量值，测量完所有秸秆捆之后，测量结果可以存入连接至地磅的计算机。然后使用叉车卸货，并将运输货车的空车重量输入计算机。计算机可根据前后的重量以及含水量计算出秸秆的净重。

货车卸货时，叉车将秸秆包放入预先确定的位置；在仓库的另一端，叉车将秸秆包放在进料输送机上；进料输送机有一个缓冲台，可保留秸秆5min；秸秆从进料台通过带密封闸门（防火）的进料输送机传送至进料系统；秸秆包被推压到两个立式螺杆上，通过螺杆的旋转扯碎秸秆，然后将秸秆传送给螺旋自动给料机，通过给料机将秸秆压入密封的进料通道，然后输送到炉床。炉床为水冷式振动炉，是专门为秸秆燃烧发电厂而开发的设备。

2. 锅炉系统

采用自然循环的汽包锅炉，过热器分两级布置在烟道中，烟道尾部布置省煤器和空气预热器。由于秸秆灰中碱金属的含量相对较高，因此，烟气在高温时（450℃以上）具有较高的腐蚀性。此外，锅炉飞灰的熔点较低，易产生结渣的问题。如果灰分变成固体和半流体，运行中就很难清除，就会阻碍管道中从烟气至蒸汽的热量传输。严重时甚至会完全堵塞烟气通道，将烟气堵在锅炉中。由于存在这些问题，因此，专门设计了过热器系统。

3. 汽轮机系统

汽轮机和锅炉必须在启动、部分负荷和停止操作等方面保持一致，协调锅炉、汽轮机和凝汽器的工作非常重要。

4. 环境保护系统

在湿法烟气净化系统之后，安装一个布袋除尘器，以便收集烟气中的飞灰。布袋除尘器的排放低于25mg/m^3，大大低于中国烧煤发电厂的烟灰排放水平。

5. 副产物

秸秆通常含有 3%～5% 的灰分。这种灰以锅炉飞灰和灰渣、炉底灰的形式被收集，这种灰分含有丰富的营养成分，含有氧化钾 6%～12%，也含有较多的镁、磷和钙，还含有其他微量元素，可用作高效农业肥料还田，提高土壤养分含量，改善土壤物理性质。

第五节　秸秆生产燃料酒精技术

一、原料预处理

秸秆的结构较为复杂，纤维素、半纤维素被木质素包围，严重影响纤维素等的降解效率，水解之前应进行预处理。经预处理，纤维素和半纤维素及木质素分离开，聚合度较低，从而提高了秸秆纤维素的水解糖化效率。目前普遍采用的预处理方法主要有物理法、化学法、物理化学法、生物法。物理法主要采用机械粉碎、超声波处理和蒸汽爆破等物理方法，该方法预处理污染小，操作简单，但是能耗大，成本较高。化学法主要采用酸、碱或者有机溶剂等对秸秆进行预处理，破坏纤维素与木质素之间的晶体结构，打破木质素对纤维素的包裹。该方法成本较低，但易产生化学污染。物理化学法是指在对秸秆的预处理过程中同时采用物理和化学两种方法，二者相结合可提高秸秆的预处理效率。如通过汽爆方法和化学添加剂相结合，不仅可以加快预处理速度，也能尽量降低环境污染。生物法主要通过微生物作用于秸秆，达到分离纤维素和木质素的目的，该种方法不仅效率高而且能在正常条件下进行，节约成本，是一种有潜力的预处理方法。

二、纤维素水解

秸秆经预处理后，纤维素只有分解成糖可进行发酵成乙醇，这个过程被称为纤维素的水解过程。目前秸秆纤维素的水解工艺主要有酸法水解和酶法水解两种，水解后纤维素和半纤维素的氢键被破坏，分解成单糖供发酵过程。

1. 酸法水解

酸法水解主要以硫酸作为催化剂对秸秆中纤维素进行分解。包括稀酸水解和浓酸水解两种。稀酸水解通常采用0.2%~0.5%稀硫酸水解纤维素，优点是反应条件温和，设备要求较低，但反应过程中产生大量副产物且产糖率低。浓酸水解的优点是产糖率较稀酸水解高且反应过程副产物少，但反应时间较长，腐蚀性强，不仅对反应设备要求较高，而且硫酸回收工艺复杂。

2. 酶法水解

酶法水解利用纤维素复合酶分解秸秆中的纤维素，纤维素酶包括葡聚糖酶和纤维二糖酶。水解过程中葡聚糖酶先将纤维素分解为纤维二糖，纤维二糖再在纤维二糖酶的作用下分解成葡萄糖供发酵过程使用。酶法水解相对酸法水解反应条件温和，催化效率高且能耗低，纤维素酶的专一性高，产物单一，副产物相对较少。但酶法水解中酶的固定化程度困难，反应过程中酶的消耗量较高，导致成本较高。

三、乙醇发酵

乙醇发酵的最终目的就是让水解中产生的葡萄糖通过发酵转化为乙醇，发酵方法主要有以下几种。

1. 直接发酵法

直接发酵法就是直接利用纤维分解细菌发酵纤维素生产乙醇，此方法不需要经过酸法水解和酶法水解预处理过程。采用适合乙醇发酵的生产菌株是直接发酵法的技术关键，但目前国际上还未找到一种既具备分解纤维素又能发酵产生乙醇的优良菌株，一般利用热纤梭菌和热硫化氢梭菌混合菌直接发酵，前者主要将纤维素分解成单糖但乙醇产率较低，后者主要将单糖转化为乙醇但不能分解纤维素。

2. 间接发酵法

间接发酵法将秸秆的发酵过程分为两步，是目前研究最多的方法之一。第一步利用纤维素酶将秸秆中的纤维素分解成为单糖，分解后的糖作为后续发酵所需的碳源；第二步再利用酒酿酶将单糖发酵成乙醇。间接发酵方法正处在研究阶段，但应用到生产中的突出问题是第一步产生的单糖随着浓度的增加会反过来抑制第一步反应的进行，而第二步随着乙醇浓度的增加也会抑制菌株的发酵能力，给发酵过程带来巨大影响。

3. 同步糖化发酵法

同步糖化发酵法主要是为了解决间接发酵法面临的反馈抑制问题，两者原理相同。该方法最早由 Gauss 等提出，糖化和发酵同时在一个反应器内连续进行，将纤维素水解和乙醇发酵同步进行，水解产生的葡萄糖由于发酵浓度降低，消除了高浓度糖对纤维素酶的抑制作用。同步发酵法的优点是简化了生产设备，节约了生产时间，消除了抑制作用，降低了生产成本，但反应过程中面临的最突出问题如何实现纤维素发酵和乙醇发酵的条件兼容。

四、蒸馏提纯

秸秆在进行发酵后会形成混合发酶液，混合液的成分是相当复杂的，乙醇的浓度很低，所以应该对乙醇进行提纯处理，将其从混合液中分离开来才能够进行使用。乙醇存在着沸点低的特点，并且极易挥发，所以在具体的操作中，采用蒸馏的方式来进行提纯。首先控制温度，让温度达到乙醇的沸点，但是发酶液没有沸腾，这样就可以让乙醇挥发，然后经过冷凝设备把乙醇从蒸汽变回液体，就得到了高纯度的乙醇。但是出于安全性的考虑，设置温度的时候要适中，不宜过高也不宜过低。

传统的双塔蒸馏方式虽然有着不错的效果，但是因为能耗太高而被取代，现在采用的是三塔式蒸馏工艺。

第六节 秸秆制造生物炭技术

一、秸秆生物炭作用

1. 改良土壤，固碳减排

温室气体主要以二氧化碳、甲烷、一氧化氮为主，除工业来源外，农业生产也是重要产生方式，特别是最近几十年，随着农业机械化推进，土壤肥力逐渐下降，土壤中有机碳以二氧化碳和甲烷的形式进入大气。近年来大量试验数据表明，利用秸秆制成的生物炭在抑制温室气体方面可以发挥作用，利用秸秆生物炭的特殊作用机理可以增强土壤汇集温室气体。秸秆生物炭在土壤中的作用机理主要是由于其本身化学 pH 值高、物理结构孔隙度高、比表面积大等特点，秸秆生物炭搭配不同的肥料或者加入特殊的试剂改造，可对目标土壤的理化性质进行改良，进而影响土壤中以及土壤中微生物的活性、结构和丰度，导致温室气体在土壤中产生、氧化和传输过程被秸秆生物炭改变，从而达到抑制排放的目的。生物炭作为一种土壤改良剂施入稻田，可以提高土壤 pH 值，改善酸性土壤的生物生存环境。因此，开发生物炭在稻田土壤中的应用研究，对农业固碳减排和废弃物资源化的利用具有重要意义。

2. 化肥增效，降量增产

秸秆生物炭除其比表面积大、孔隙丰富外，还富含植物生长所需要矿物质，在提高肥料利用率、促进作物生长等方面发挥着独特的优势。化肥是我国基础农业生产应用中最重要的物质，因为其使用方便、增加农作物产量被农民所喜爱。然而，由于农民对于化肥的使用方式存在一定的误区，导致化肥利用率较低，化肥在土地中释放的养分大部分都没有被利用在增加产量上，农民错误地认为产量和化肥施用量成正比，导致使用强度和施用总量逐年增加，相应的土壤问题突显出来，导致耕地表层土壤板结、重要土壤营养比例失调。大量大田试验发现秸秆生物炭与化肥配施后，利用现有发现的秸秆生物炭的化学特性，吸附、负载和缓释多余的肥料养分，缓解养分流失的情况，可以减少化肥的施用量，符合现代农业的发展需求，促进农业可持续发展。将各种原料制备得到的生物炭与化肥配施是近年来国内外农业领域的研究热点。

3. 新型环保吸附剂

秸秆制成的生物炭，理化特性中最突出的就是比表面积大，pH 值测定碱性，秸秆生物炭表面富含可以进行交换的大量阳离子和大量的含氧官能团，可以吸附重金属和中和土壤酸性，降低其含量，减少环境危害。试验发现，控制不同变量制得的产品，对于重金属的吸附以及土壤酸性中和的性能存在明显差异。其他因素也会影响其吸附能力，例如，制备温度和使用环境的 pH 值、添加量，以及环境中腐植酸的影响等。

将秸秆集中收集，利用大型工业生产设备生产生物炭，经过不同的生产工艺制成不同的吸附剂，可以为消耗大量剩余秸秆提供新思路，减少农业生产资源的浪费，从而实现现代绿色农业的目标，具有重要意义。

4. 良好的催化剂替代品

目前秸秆制备生物炭的主要方法有慢速热解、快速热解、水热炭化等技术。近些年来较多是利用热解技术进行回收利用，能够获得大量的秸秆生物炭，随之而来的就是工艺生产过程中产生的附加产品。在工业生产的热解过程中，产生的焦油有毒，常温下黏度大，易造成设备堵塞，阻碍连续生产。目前，消减焦油主要使用天然矿石和镍基催化剂，虽然可以有效解决相关问题，但是天然矿石耐磨性差，镍基催化剂成本较高，且易发生中毒失活。

高温条件下得到的秸秆生物炭可以为焦油裂解提供其所需要的活性表面，而且生物炭表面含有碱金属和碱土金属元素，可以很好地在加工过程中催化焦油裂解，生物炭目前在实验室条件下已被证明可有效催化焦油的加工，但在生产中没有被重视起来，导致生物炭作催化剂的使用相对较少。

5. 替代化石能源

秸秆生物炭的发热量一般为30MJ/kg。秸秆在400～600℃条件下热解产生的生物炭接近于优质无烟煤。秸秆生物炭燃料发热量比木炭略低一些，是因为秸秆生物炭中的灰分较高，可燃物相对较少，影响秸秆生物炭燃烧的发热量，但完全燃烧时产生的发热量比大多数木质燃料发热量要稍微高一些，完全可以作为能源炭的替代品进行日常使用。将收集的秸秆制成生物炭后，利用燃烧制备成相应的煤，为实现解决农村大量燃烧化石能源的问题提供了新的解决方案。尤其是秸秆在制备生物炭生产过程中产生的木焦油等副产物，通过对生物炭副产物的深入研究和综合利用，有望为让木焦油等副产物成为代替不可再生的化石能源的新型能源，行业前景广阔，发展潜力巨大。

二、秸秆生物炭产业发展概况

秸秆生物炭产业包括秸秆收集、贮存以及运输、工厂集中炭化工艺处理、生物炭产品及附加产物的开发与应用、成型产品的市场推广及销售等诸多环节，产业链复杂，合作范围较大，交叉领域广泛。生物炭加工制造作为新兴产业，企业在实际生产中应因地制宜，结合当地秸秆的收集和运输、生产企业的生产技术特色、生产产品的类型，总结出秸秆生物炭发展方式。

1. “肥料化”生产模式

一般指在普通化肥生产中以秸秆生物炭为基础，生产相应的碳基肥料，以“肥料化”的形式应用在农业生产实践。这些特殊的化肥一般以秸秆生物炭为重点，根据生产企业销售地区土壤情况与农作物的养分需求，采用科学技术手段，将秸秆生物炭与各种可以作为肥料使用的有机或者无机物质进行科学混配，开发而成的新型肥料产品。以秸秆生物炭为基础得到的化肥相对于普通化肥的优势：一是固碳，提高土壤有机质含量；二是改良土壤结构及物理特性；三是发挥生物炭吸附特性，提高土壤肥力水平。通过利用秸秆生物炭优异的理化特性，改良施用土壤的微生态环境，吸附重金属中和土壤酸性，从而达到对于土壤的改良和农作物增产。秸秆生物炭肥料化应用符合绿色农业的发展要求，近些年来，对于秸秆生物炭的肥料方向的大量应用研究，秸秆生物炭碳基肥料的相关系列产品已经得到越来越多市场与用户的认可。

2. 土壤改良剂生产模式

将大量秸秆工业化生产后得到的生物炭，根据当地土壤条件和农业种植，与其他有机、无机土壤改良剂按照预定配比方式进行干混。秸秆生物炭因其独特的理化特性被使用在改良土壤。传统土壤改良使用的改良剂大多数有比较高昂的费用，在改良之后农民再次耕种后会反弹回原有状态，大量使用改良剂会对农田及其生态环境产生次生危害，在改良土壤的推广上比较困难。使用秸秆生产的生物炭作土壤改良剂相对于传统改良剂具有较强优势：加工和使用成本低、原料可再生、理化特性稳定、符合可持续的发展理念、不会因为后续化肥的使用反弹、对于农业生产环境次生危害比较低、经济效益高。利用秸秆加工制备土壤改良剂，为土壤改良和秸秆产生经济效益提供新途径。

3. 能源化生产模式

研究发现，在加工生产秸秆生物炭的过程中，改变不同的加工条件，可以使生产得到的固、液、气产物比例发生变化，而且成正比例关系。这样就可以得到想要的加工结果，生产工艺中产出的生物炭可加工制备为煤，用于能源及冬季供暖燃烧使用，产出的气可用于冬季供暖。可以改变农村能源使用结构，在农村区域秸秆可就地取材，就地生产加工，不仅可减少政府对于预防农民焚烧秸秆带来大量污染问题的处理压力，也可以改变农民处理秸秆的方式，实现秸秆资源绿色环保利用，促进美丽新农村建设。

4. 炭化副产物综合利用产业模式

秸秆生物炭在加工过程中还会产生木醋液、焦油类等液相副产物，经深加工处理后可制备为其他产品或工业原料。木醋液的综合利用主要集中在土壤病虫害防治、植物生长调节剂、化工与饲料添加剂。精炼后的木醋液还可作为香水等的组分，起到除汗臭、清新剂等作用，提高体表舒适度。木焦油，可用于浮选法精选矿物、杀虫剂、溶剂及燃料等化工原料，其中提取的轻油可用于制作名贵药材及园艺用喷剂，重油可用于浸渍木材，亦可用作消毒剂、防腐剂等。

三、秸秆生物炭的制备方法

炭化、干馏、气化多联产等方法是比较常用方法。此外，科研人员也开发了如水热炭化、微波热解、催化热解、加压热解等新技术。由于这些技术成本高，现阶段未能实现产业化，快速热解制备生物油时也会生成一定的生物质炭，但其生物质炭的产率低，还存在油品质量和设备的安全性、连续稳定性及经济性等问题，也未能形成规模化产业。

生物炭的制备也从以前的炭化法和土窑式烧制，发展成为机械化、隧道式和立式炭化炉。炭化炉的升级不仅减轻了工人的工作量，而且提高了安全性和产出量，为生物炭的发展提供物质基础。干馏法也是制备生物炭的常用方法，它是在密闭的空间，通过高温加热材料，分解生物质的反应过程，生成生物质炭、混合气体以及经冷凝形成的液体。由于传热过程不均匀，反应室温度存在一定差异，导致干馏法生产的产品性能存在一定差异。

第五章　秸秆饲料化综合利用

第一节　秸秆青贮技术

秋冬季节，饲料问题是牛羊养殖农户首要关心的问题。为了节约成本，大部分农户选择提前贮存饲料，然而提前贮存的干草等饲料水分与营养流失，不利于牛羊养殖业发展。为了提高饲料营养价值，促进牛羊养殖业健康发展，可使用秸秆青贮技术，不仅解决秋冬季饲料供应问题，还缓解了焚烧秸秆带来的环境问题。

一、秸秆青贮技术的技术优势

一是青贮技术中秸秆的营养成分损失较少，其中蛋白质与胡萝卜素能大量保留，为牛羊生长提供充足养分。二是秸秆青贮技术能使饲料保留较好的口感，能刺激牛羊食欲，利于牛羊健康成长。三是秸秆青贮技术能有效杀灭秸秆中的细菌、害虫，能为牛羊生长提供健康保障。四是使用秸秆青贮技术能长时间保存饲料，与传统饲料相比，应用青贮技术后，饲料的保存时间延长至十几年。五是青贮饲料操作便利，制作简便，成本较低。该技术不受时间限制，操作简便，节省时间和人力。

二、牛羊养殖中秸秆青贮技术的应用要点

1. 含水量

牛羊养殖中应用秸秆青贮技术时需注意水分。青贮原料中的含水量是重点，如水分较低，就会增加装窖难度，工作人员

难以压实，青贮原料中会产生大量细菌，导致饲料腐烂、变质。如水分较高，大量水分会稀释秸秆中的糖分，进而产生高浓度酸，导致青贮原料变质。因此，需重视青贮原料水分问题。试验结果表明，青贮原料的水分含量应不超过70%，但不能低于65%。刚刚收割且被用作原料的青绿秸秆需进行晾晒后才可用于青贮。

2. 规格

牛羊能快速吸收较细且长度适中秸秆。因此，应用秸秆青贮技术时，应控制秸秆长度和宽度。如喂养羊，可将秸秆长度控制在2.5cm左右；如喂养牛，可将秸秆长度控制在4cm左右。

3. 温度

温度是制作青贮料的一大要点。如温度不符合标准，制作青贮饲料时，产生大量微生物或细菌，导致青贮料质量降低，影响乳酸菌产生。通常情况下，需确保青贮料制作环境最低温度不低于15℃，最高温度不超过37℃。

4. 含糖量

牛羊养殖中应用秸秆青贮技术时需确保青贮料中含糖量。青贮原料中含有光合细菌、乳酸菌、酵母菌等原菌，而厌氧环境、可溶性糖分和水是激活原菌不可缺少的条件。如青贮原料中原有糖分不达标，技术人员需根据实际情况适当添加红糖，从而激活原菌，确保正常发酵。

5. 密封性

使用秸秆青贮技术时，技术人员要做好密封压实环节的质控工作。密封压实能保障青贮原料不被细菌所污染，为青贮料质量提供保障。切料后，原料必须装入窖中。需将原料摆放整齐，摆放完毕后立即压实原料，并做好封顶工作，确保窖内环境安全，杜绝氧气、水分进入。还需排出青贮料中的空气，避免原菌激活或发酵后产生不良影响。

三、秸秆青贮技术要求

秸秆青贮技术因诸多优势，被广泛应用于牛羊养殖中。技术人员可从青贮池建造、青贮料制作、青贮技术着手，提高秸秆青贮技术的应用效果。

1. 窖贮

（1）青贮池建造。建造青贮池是应用秸秆青贮技术的第一步。首先，需确定青贮池地点。一般情况下，青贮池地点设在牛羊养殖场附近；其次，观察地势，青贮池地点需背风、向阳；在环境方面，需确保湿度低、通风较好；在土质方面，需确保土质结实、易成型；最后，需确保青贮池附近具备较好的运输条件，保证交通设备能顺利将青贮料运送到牛羊养殖地。还需根据牛羊养殖数量，确定青贮池大小。在建造青贮池方面，要确保青贮池坚固且具备较好密封性，避免水、细菌进入其中。青贮料贮存环境必须保持干燥，避免原料变质或养分流失，导致牛羊养殖出现问题。

（2）收割。青贮原料是玉米秸秆，应科学选择收割时间，确保玉米秸秆新鲜，保留较多营养成分。如晚于正常收割时间养分含量降低；如早于正常收割时间，产量就会大幅度降低。收割玉米秸秆还能有效避免焚烧秸秆引发的环境问题，有利于可持续发展。

（3）晾晒。玉米秸秆收割后，要确定秸秆中水分含量，水分含量较大时不能直接用于加工、贮存，需晾晒。一般情况下，可就地晾晒秸秆，晾晒时间约5d。当秸秆的含水量降低至67%后，可用于后续加工。

（4）运输。含水量达标后需及时将晾晒的秸秆运输到铡草的地方，利用铡草机进行切割。运输过程中用遮光布遮盖阳光，避免水分过度流失。

（5）切短。用铡草机、铡刀将秸秆切至3~5cm，便于牛羊食用。

（6）装窖。切割完毕，要将青贮原料填装入青贮池中，装窖高度0.2~0.4m。装窖后，需认真检查原材料高度、是否压实等，以免滋生细菌、营养流失、青贮料变质。若装窖后，青贮池尚有较多空间，可在青贮原料表面覆盖薄膜，确保青贮池密封。

（7）封窖。装窖后，用塑料薄膜密封青贮原料，并用秸秆、泥土压实。合理使用压实工具，保证覆盖面平整。因地窖不占用地上空间且环境条件符合青贮技术应用条件，因此，牛羊养殖中的青贮仓库均为地窖。

（8）青贮池管理。在封窖环节，确保温度保持在15~37℃，保证秸秆能顺利发酵。需检查环境条件，确保环境干燥，并做好日常检查工作。需要注意的是，雨雪天气需多次检查青贮池，确保青贮池的密封性，避免出现漏水等问题。

2. 包贮

裹包青贮是一种利用机械设备完成秸秆或饲料青贮的方法，是在传统青贮的基础上研究开发的一种新型饲草料青贮技术。

（1）裹包青贮的制作。将粉碎好的青贮原料用打捆机进行高密度压实打捆，然后通过裹包机用拉伸膜包裹起来，从而创造一个厌氧的发酵环境，最终完成乳酸发酵过程。该技术已被欧洲多数国家，以及美国和日本等世界发达国家认可并使用，在我国有些地区也已经开始尝试使用这种青贮方式，并逐渐商品化。

（2）裹包青贮的优点。裹包青贮与常规青贮一样，有干物质损失较小、可长期保存、质地柔软、具有酸甜清香味、适口性好、消化率高、营养成分损失少等特点。同时，制作不受时间、地点限制。与其他青贮方式相比，裹包青贮过程的封闭性比较好，通过汁液损失的营养物质较少，而且不存在二次发酵的现象。此外，裹包青贮的运输和使用都比较方便，有利于商品化。对促进青贮加工产业化的发展具有十分重要的意义。

（3）裹包青贮的缺点。一是包装容易损坏，一旦拉伸膜被损坏，酵母菌和霉菌就会大量繁殖，导致青贮料变质、发霉；二是容易造成不同草捆水分含量参差不齐，出现发酵品质差异，从而给饲料营养设计带来困难，难以精确地掌握恰当的供给量。

3. 袋装青贮

（1）原理。把玉米秸秆（茎、叶）装在塑料薄膜内密封，保证不透气达到缺氧状态，茎、叶原料上的乳酸菌大量繁殖，秸秆中可溶性糖类变成乳酸，pH 值<4.2 时，抑制了有害微生物的生长，从而保存了玉米秸秆中的营养物质。

（2）青贮袋制备。选用厚度>0.1cm、宽 200cm 的塑料薄膜（双层）；若是专用袋，底部以 3cm 折叠 2 次后粘连封紧。若是塑料薄膜卷，可剪为长 350cm，把一端束缚紧，以 10cm 长折叠，用绳扎紧、扎牢，把扎头置于塑料袋内部，便成口袋。

（3）选料、装料。全株青贮，应在腊熟期收割，用铡草机或揉碎机切短至 2~3cm。若需要生产玉米籽实，则在玉米果穗所在结节以下叶子变黄时，割下玉米果穗所在结节以上茎、叶。

（4）加工程序。选择平整、光滑、无坚硬物体的空地，把塑料薄膜袋放在地上，调整为圆桶型。将秸秆青贮切碎，并放入塑料薄膜袋内，每装 20~30cm 碾压 1 次。为了提高适口性，按 1t 撒 500g 食盐。装至 300cm 高时，用绳子扎紧上口。经过 30~40d 发酵，就可以开袋饲喂。每次取料后，要立即扎紧袋口，以防杂菌污染，影响青贮质量。此外，薄膜在搬运过程中，切忌在地上拖曳，避免青贮袋损坏。装袋时，原料水分保持在 65%~70%为宜；如有漏气变白时，立即用透明胶布粘贴，保持密封状态。

（5）玉米秸秆袋装青贮优点。一是成功率高，简单易行，同窖贮相比，边缘很少有发霉情况。二是不占空间，青贮袋可放于室内、场院、房外，用完后，收好青贮袋，让出空间。三是不需有碾压机械，窖贮、堆贮要有碾压机械，而袋贮不需要碾压机械，可人工踩压。四是成本低，每个青贮袋成本25~30元，如大批量生产，价格更低；1个袋子可用2年。五是效益好，玉米秸秆袋装青贮解决了冬春时节青绿饲料不足问题，营养相对平衡，冬春时节产奶量基本不减少，奶牛体况好，发病率低。

4. 堆贮

平面堆积青贮适用于养殖规模较小的农户，如养奶牛3~5头或者养羊20~50只，可以采用这种方式，平面堆积青贮的特点是使用期较短，成本低，一次性劳动量投入较小。制作的时候需要注意青贮原料的含水量（一般要求在65%左右），要压实、密闭。封口30~45d，便可启封饲喂。饲喂前应检查青贮饲草品质，如青贮草具有酒香酸味、颜色黄绿、手感柔软不黏，即可饲喂，如颜色黑褐、发霉结块、手感松散发干，则不能饲用。每次取草后立即封严压实，防止冰冻及二次发酵。

第二节　秸秆微贮技术

饲料微生物处理又叫微贮，是近年来推广的一种秸秆处理方法。微贮与青贮的原理非常相似，只是在发酵前通过添加一定量的微生物添加剂如秸秆发酵活干菌、白腐真菌、酵母菌等，然后利用这些微生物对秸秆进行分解利用，使秸秆软化，将其中的纤维素、半纤维素以及木质素等有机碳水化合物转化为糖类，最后发酵成为乳酸和其他一些挥发性脂肪酸，从而提高瘤胃微生物对秸秆的利用。

一、秸秆微贮的原理

秸秆微贮技术是利用现代生物技术进行筛选、培育出的微生物菌剂，经清水溶解并活化后，喷洒在切短的作物秸秆上，在厌氧的条件下，有益生物菌将大量的纤维素类物质转化为糖类，糖类又经有机酸发酵菌转化为乳酸和挥发性脂肪酸，使pH值降到4.5~5.0，抑制了丁酸菌、腐败菌等有害菌的繁殖，形成具有酸香味、家畜喜爱的饲料。此法与传统玉米秸秆青黄贮比较，具有效益高，饲料来源广，不受季节限制，保存时间长，营养价值高，适口性好，易学易懂易普及，制作技术简单的优点。

二、微贮饲料的制作过程

1. 菌种的复活

在制作微贮饲料时，先按照说明书将菌种复活。使用时，将复活好的菌种倒入生理盐水中充分拌匀即可。微贮用的菌种要当天用当天配制。生理盐水及复活菌种量需要根据玉米秸秆量而定。

2. 玉米秸秆揉碎加工

将收获的玉米秸秆利用玉米秸秆揉丝机进行揉丝粉碎加工，这样加工后的玉米秸秆易于压实，并能提高微贮池的利用率，保证微贮饲料的制作质量，提高秸秆利用率、适口性及贮存性。饲喂奶牛的玉米秸秆长度调整为10cm为佳。

3. 秸秆入池

装填前要在微贮池底均匀铺设一层10~15cm干草，以防止底部潮湿并能吸收由上部渗下来的汁液，然后再在干草上铺放20~30cm厚的秸秆，均匀喷洒菌液水，使秸秆含水量达60%~70%（秸秆水分判断方法：抓取揉碎的秸秆，用两手扭拧，无水珠滴出，松手后手上水分明显，为适宜）。喷洒菌种后要及时将秸秆踩实，再铺放20~30cm厚秸秆，再喷洒菌液并踩实。如此一层层装填原料，直至高于微贮池口50~60cm，中心高出100~120cm，充分压实。

4. 密封

青贮饲料装满以后，上面要用厚塑料布进行封顶，四周要封严，防止漏气和渗水。在塑料布的外面再盖上 10~15cm 的泥土并压实。

三、微贮饲料的管理

秸秆饲料在进行发酵期间，要经常检查，如发现微贮池上的覆土下沉、裂缝，要及时填土并踩踏结实。

四、微贮饲料的质量检查

密封发酵 3~5 周，即可完成微贮秸秆的发酵过程。微贮玉米秸秆在饲喂前要进行品质鉴定，品质差的不可饲喂。微贮玉米秸秆的质量检查，主要根据微贮饲料的外部特征和感官特征进行品质鉴定。

1. 用手检查

优质的微贮玉米秸秆拿到手里后，应感到很松散，质地比较柔软湿润。若发黏或结成团块，或者虽然松散，但饲料干燥粗硬，这种饲料品质不好。

2. 视觉检查

优质的微贮玉米秸秆，秸秆的颜色呈淡黄绿色，若是褐色、灰色或者墨绿色，则秸秆的品质较差，不宜饲喂。

3. 嗅觉检查

优质的微贮玉米秸秆应具有特有的酸香气味。若酸味过大，则表明秸秆中酸过多，是由于水分过多和高温发酵所致；若有腐臭、发霉味，则微贮失败，不能使用。

五、微贮饲料的饲喂

微贮好的玉米秸秆便可以饲喂了。饲喂微贮饲料方法与青黄贮饲料相同。微贮料含酸量低，不需要进行晾晒排酸，可当天取当天饲喂。奶牛刚开始饲喂微贮饲料时，奶牛对微贮饲料有一个适应过程，应循序渐进，逐渐增加饲喂量，直到正常饲喂时，一般产奶牛、育成牛每天 15~25kg/头比较适宜，要根据奶牛体重和泌乳阶段情况准确定量。

第三节 秸秆氨化技术

氨化处理技术，就是在密闭条件下，在秸秆中加入一定比例的氨水、无水氨、尿素等，破坏木质素与纤维素之间的联系，促使木质素与纤维素、半纤维素分离，使纤维素及半纤维素部分分解、细胞膨胀、结构疏松，从而提高秸秆的消化率、营养价值和适口性。氨化技术适用于干秸秆，用液氨处理秸秆时，秸秆含水量以 30%为宜。

氨化处理秸秆饲料的氨源有很多，各种氨源的用量和处理方法也不相同，其处理结果因秸秆种类而异。经氨化处理后，秸秆的粗蛋白质含量可从 3%~4%提高到 8%，家畜的采食量可提高 20%~40%。

一、秸秆氨化处理的优点

1. 改善秸秆的营养成分

秸秆经氨化处理后，粗蛋白质含量可提高 4%~6%。例如，麦秸粗蛋白质含量仅为 3%~5%，氨化后提高到 8%~10%，达到中等干草水平。

2. 改善适口性，增加采食量，提高消化率

氨化处理使秸秆软化，并具有糊香味，改善了适口性。氨化秸秆喂羊可以加快羊消化道的排空速度，从而提高采食速度，增加 20%~40%的采食量。同时，消化率提高 10%~30%。

3. 杀菌作用

秸秆含水量高，但经氨化后可防止霉变，还可杀灭秸秆中

的寄生虫卵及病原菌。同时，氨化处理也能使秸秆中夹杂的部分杂草种子丧失发芽力，起到控制农田杂草的作用。

二、秸秆氨化处理方法

1. 选址与建窖

在离畜舍较近的地方，选择一个土质结实、排水流畅、地下水位较低的地块，根据氨化秸秆数量挖一个地下窖，四周用砖砌好，用水泥抹平，要求侧壁不漏气，窖底不漏水，开口设在窖顶。如果不建窖，也可以挖长 2m、宽 1.5m、深 1.2m 的氨化沟，或直接用塑料袋、堆垛氨化。

2. 氨化秸秆的主要氨源和用量

氨化秸秆的主要氨源有液氨、尿素、碳铵和氨水等，均为农用化肥。

（1）液氨。也叫无水氨，常用量是风干秸秆（物料）重量的 3%~5%，是一种最为经济的氨源，氨化效果也是最好的。液氨易挥发，一般用氨枪注入秸秆垛，氨枪插入位置距离秸秆垛底 0.2m，注氨后向上扩散，可使垛底秸秆得到很好的氨化。

（2）尿素。尿素在适宜温度和脲酶作用下，分解出氨用于氨化秸秆。使用量为风干秸秆重量的 2%~5%。尿素加入方法：先将尿素溶于少量温水中，再将尿素溶液均匀地喷洒到秸秆上，这样既可使氨化作用均匀，又可避免因尿素喷洒不均匀造成局部含量过高而引起家畜尿素中毒。

（3）碳铵。碳铵即碳酸氢铵。适宜条件下可分解出氨，用于秸秆氨化，使用量是风干秸秆重量的 8%~12%。

（4）氨水。为气态氨的水溶液，易挥发，有强烈的刺鼻气味，仅在离氨水化工厂较近的地方使用。用氨水（浓度为 20%）氨化秸秆的常用量为风干秸秆重量的 15%。

3. 铡短与拌肥

（1）原料的选用。适用于氨化处理的秸秆多种多样，麦秸（小麦秸、大麦秸、燕麦秸等）、玉米秸、豆秸、高粱秸、稻草、老芒麦、向日葵、油菜秸秆等均可。收获籽实后要尽快进行氨化处理，避免因在野外暴露时间过长，严重风化，叶片脱落，营养损失；同时防止长期堆积受潮霉变。

（2）秸秆含水量的调整。水是氨的载体。秸秆含水量低，水都吸附在秸秆上，没有足够的水充当氨的载体；含水量过高，不但开窖后需要延长晾晒时间，而且由于氨浓度降低容易引起秸秆发霉变质，影响氨化效果。通常情况下，用于氨化处理的秸秆含水量调整到25%～35%比较合适。但是，一般秸秆的含水量为10%～15%，进行氨化处理前，必须加水调整。

（3）铡短。将原料铡短到2～3cm长，以便于压实。

（4）掺拌氨源。目前常用的氨源是尿素和碳铵，每100kg秸秆氨化时用尿素5kg或碳铵16.5kg。按风干秸秆的重量，每100kg风干秸秆均匀喷水30～40kg，先将湿度调节到15%～20%。选择羊舍或氨化窖、氨化沟附近平整的地方，铺一层秸秆，撒一层化肥，搅拌均匀。

4. 封口

将搅拌均匀的秸秆，逐层铺进塑料袋、氨化窖、氨化沟内，或直接堆垛，要求铺一层，踩一层。氨化窖可直接将秸秆入窖，用塑料布封口，边缘用土压实，防止漏水透气；使用氨化沟时，为避免秸秆营养损失，可在沟底及四周铺设塑料布，所装的秸秆要高出地面0.5m以上，便于接收光照；堆垛氨化时，用塑料布遮盖，四周用土压实；直接用塑料袋氨化时，扎紧袋口，堆垛码放。

三、氨化秸秆的成熟与开窖喂用

氨化成熟的速度随温度的升高而加快。当环境温度为4℃以下时，一般需要8周以上；5～15℃需4～7周；16～30℃需1～4周；如果环境温度超过30℃，1周即可氨化成熟。

成熟后的氨化秸秆即可开窖。优质的氨化秸秆，开窖时能闻到刺鼻的氨味，摊晾 1d 后可直接喂羊。此时的氨化秸秆气味芳香，颜色黄褐，手感柔软松散，没有霉味，羊喜食。优质氨化秸秆喂羊时，开始少喂，待羊适应后逐渐增加喂量，以不超过粗饲料总量的 30%为好。

如发现氨化的秸秆有糊烂味或发黏、发黑，应弃之不用。

第四节　秸秆碱化技术

一、技术原理

碱化处理技术就是在一定浓度的碱液（通常占秸秆干物质的 3%~5%）的作用下，打破粗纤维中纤维素、半纤维素、木质素之间的醚键或酯键，并溶去大部分木质素和硅酸盐，从而提高秸秆饲料的营养价值。

二、碱化技术分类

碱化处理技术目前主要有氢氧化钠碱化法、生石灰碱化法和加糖碱化法 3 种。

1. 氢氧化钠碱化法

（1）湿法处理法。将秸秆浸泡在 1.5%氢氧化钠溶液中，每 100kg 秸秆需要 1 000kg碱溶液，浸泡 24~48h，捞出秸秆，淋去多余的碱液（碱液仍可重复使用，但需不断增加氢氧化钠，以保持碱液浓度），再用清水反复清洗。这种方法的优点是可提高饲料消化率 25%以上，缺点是在清水冲洗过程中有机物及其他营养物质损失较多，污水量大，目前较少采用。

（2）干法处理法。用 4%~5%（占秸秆风干重）的氢氧化钠配制成浓度为 30%~40%的碱溶液，喷洒在粉碎的秸秆上，堆积数日后不经冲洗直接饲喂反刍家畜，秸秆消化率可提高 12%~20%。此方法的优点是不需用清水冲洗，可减少有机物的损失和环境污染，并便于机械化生产。但牲畜长期喂用这种碱化饲料，其粪便中的钠离子增多，若用作肥料，长期使用会使土壤碱化。

（3）快速处理法。将秸秆铡成 2~3cm 的短草，每千克秸秆喷洒 5%氢氧化钠溶液 1kg，搅拌均匀，经 24h 后即可饲喂。处理后的秸秆呈潮湿状，鲜黄色，有碱味。家畜喜食，比未处理的秸秆采食量增加 10%~20%。

（4）堆放发热处理法。使用 25%~45%氢氧化钠溶液，均匀喷洒在铡碎的秸秆上，每吨秸秆喷洒 30~50kg 碱液，充分搅拌混合后，立即把潮润的秸秆堆积起来，每堆至少 3~4t。堆放后秸秆堆内温度可上升到 80~90℃，温度在第 3 天达到高峰，以后逐渐下降，到第 15 天恢复到环境温度。由于发热的结果，水分被蒸发，使秸秆的含水量达到适宜保存的水平，即秸秆含水量低于 17%。

（5）封贮处理法。用 25%~45%氢氧化钠溶液，每吨秸秆需 60~120kg 碱液，均匀喷洒后可保存 1 年。此法适于收获时尚绿或收获时下雨的湿秸秆。

（6）混合处理法。原料含水量 65%~75%的高水分秸秆，整株平铺在水泥地面上，每层厚度 15~20cm，用喷雾器喷洒 1.5%~2%氢氧化钠和 1.5%~2.0%生石灰混合液，分层喷洒并压实。每吨秸秆需喷 0.8~1.2t 混合液。经 7~8d 后，秸秆内温度达到 50~55℃，秸秆呈淡绿色，并有新鲜的青贮味道。处理后的秸秆粗纤维消化率可由 40%提高到 70%。或将切碎的秸秆压成捆，浸泡在 1.5%氢氧化钠溶液里，浸渍 30~60min 捞出，放置 3~4d 进行熟化，即可直接饲喂家畜，有机物消化率提高 20%~25%。

2. *生石灰碱化法*

生石灰碱化法是把秸秆铡短或粉碎，按每 100kg 秸秆 2~3kg 生石灰或 4~5kg 石灰膏的用量，将生石灰或石灰膏溶于 100~120kg 水制成石灰溶液，并添加 1~1.5kg 食盐，沉淀除渣后再将石灰水均匀泼洒搅拌到秸秆中，然后堆起熟化 1~2d

即可。注意：冬季熟化的秸秆要堆放在比较暖和的地方盖好，以防止发生冰冻。夏季要堆放在阴凉处，预防发热。

另外，也可把石灰配成6%的悬浊液，每千克秸秆用12L石灰水浸泡3~4d，浸后不用水洗便可饲喂。若把浸好的秸秆捞出控掉石灰水踩实封存起来，过一段时间再用会更好。根据有关测定，该方法的优点是成本低廉、原料广泛，可以就地取材，但豆科秸秆及藤蔓类等饲草均不宜碱化。碱化饲料，特别是像小麦秸秆、稻草、玉米秸秆等一类的低质秸秆，经过碱化处理后，有机物质的消化率由原来的42.4%提高到62.8%，粗纤维的消化率由原来的53.5%提高到76.4%，无氮浸出物的消化率由原来的36.3%提高到55.0%。适口性大为改善，其采食的数量也显著增加（20%~45%）。同时，若用石灰处理，还可增加饲料的钙质。

3. 加糖碱化法

加糖碱化法就是在秸秆等材料碱化的基础上进行糖化处理。加糖碱化的秸秆适口性好，有酸甜酒香味，牛、马、骡、猪均喜欢吃，且保存期长，营养成分好，粗脂肪、粗蛋白质、钙、磷含量均高于原秸秆。加糖碱化秸秆收益高，简单易行。加糖碱化法的工艺流程如下。

（1）材料准备。①双联池或大水缸。双联池一般深0.9m、宽0.8m、长2m，中间隔开，即成2个池（用砖、水泥，用水泥把面抹光），单池可容干桂秆108kg。池建在地下、半地下或地面上均可。②秸秆粉。干秸秆抖去沙土，粉碎成长0.5~0.7cm。秸秆可用玉米秸、麦秸、稻草、花生壳和干苜蓿等。③石灰乳。将生、鲜石灰淋水熟化制成石灰乳（即氢氧化钙微粒在水中形成的悬浮液）。石灰要用新鲜的生石灰。石灰与水作用后生成氢氧化钙，氢氧化钙容易与空气中的二氧化碳化合，生成碳酸钙。因此不能用在空气中熟化的或熟化后长期放置空气中的石灰。④玉米面液。玉米面用开水熟化后，加入适量清水制成玉米面液。玉米面熟化要用开水，以便玉米面中的糖分充分分解。⑤器具。脸盆、铁锅、塑料布和铁铲。⑥用料比例。秸秆、石灰、食盐、玉米面、水的比例为 100∶3∶0.5∶3∶270。

（2）加工处理。将石灰、食盐、玉米面按上述比例组成混合液喷淋在秸秆粉上，边淋边搅拌，翻 2 次后停 10min 左右，等秸秆将水吸收后再继续喷淋、搅拌，这样反复经过 2~3 次，所用混合水量全部吸收后，秸秆还原成透湿秸秆，用手轻捏有水点滴下为止。

（3）入池或缸贮存。将处理好的秸秆加入池或缸内，边入池边压实，池边、池角部分可用木棒镇压，越实越好。此时上层出现渗出的少量水。秸秆应层层铺设直至装满，也可超出一点。后用塑料布覆盖封口，上压 0.4~0.5m 厚的沙土。池缸封口后，夏季 4~7d、冬季 10~15d 便可开口饲喂。

第五节　秸秆压块饲料生产技术

一、秸秆压块技术的重要作用

在技术人员的努力研发下出现了秸秆压块类型的新型技术，通过这一技术的使用有效的改变了秸秆这种副产物的利用率，使其成为一种新型的燃料能源。在秸秆压块技术使用的阶段中，会使用机械设备对秸秆块进行压缩，这种材料在压缩之后的体积会变成压缩之前的 1/8~1/6，并且压缩之后的秸秆材料密度也能达到 1 000kg/m^2左右，在压缩的过程还会有效地降低燃料中的含水量，使含水量下降到 20%左右。经过科学的对比分析，压缩之后秸秆燃料方面的性能要比木材更为优越，单位体积的压缩秸秆所能释放出来热量会达到 1 600kJ/kg，由此可以看出，通过压缩秸秆的恰当使用，就能逐渐使用压缩秸秆替代燃煤、天然气等现代能源，这样也能促进当代能源利用的顺利发展。

二、秸秆压块成型机理研究

农作物秸秆由有机物、少量的无机盐和水构成。有机物主要成分是纤维类碳水化合物，其次还含有少量粗蛋白质和粗脂肪。纤维素是植物细胞壁的主要成分；半纤维素是戊糖、己糖和多糖醛酸及其甲酯的缩合物，其主要成分是戊聚糖，在秸秆木质部分含量很高；木质素是以苯丙烷及其衍生物为基本单位构成的高分子芳香醇，秸秆中含量为14%~25%，在植物细胞中，有增强细胞壁、黏合纤维的作用。木质素在常温下，主要部分不溶于任何溶剂，没有熔点，但有软化点。当温度达到70~110℃时，木质素开始软化，并具有了一定的黏度，黏结力增加。在200~300℃的高温条件下，木质素将软化、液化，呈熔融状，黏度变高，此时若施加一定的压力，再加上秸秆所含少量淀粉及糖分的辅助黏合作用，秸秆内部相邻生物质颗粒间相互胶合，外部将析出焦油或焦化，秸秆体积大大减少，密度显著增加，取消外力后，由于非弹性纤维分子间的相互缠绕，仍能保持给定形状，冷却后强度进一步增加。秸秆这种结构组成和化学特性，使其在一定外部条件作用下固化成型有了可能。

三、秸秆压块处理技术分析

秸秆压块技术在实际操作中有较多的难度，需要在进行压缩的时能满足各方面的要求，尤其是对于压力数值、压缩环境温度以及湿度方面的要求，只有这样才能保证秸秆压缩能达到预期的质量，将农业生产副产物转化为可利用的高效能源。

而在秸秆压缩技术不断发展完善的阶段中，压缩机械也在不断地优化，在性能得到提升的同时其设计结构也更加的简洁，促进了秸秆压缩技术的发展。从压缩机械构成的角度来看，这一设备主要由水平结构压缩圆盘以及压辊部件所构成，用过设备的高压力挤压最终使秸秆压缩成型，在使用压缩技术进行压缩的时候通常可以划分为四个阶段。

一是需要通过机械设备的传送将秸秆逐渐挤压到相应的模板孔隙当中，在这个阶段中主要是辊轮部件发挥了作用，将原本较为松软的秸秆材料挤压到预制的圆锥形模具当中。二是在不断将秸秆材料挤压到设备模具当中之后，由于模具的空间有限所以秸秆材料之间会发生相互挤压并在这个过程中发生形变，这也是秸秆压缩技术中比较关键的一步。三是当模具中的秸秆累积到一定量之后，秸秆之间的摩擦也会变得更为剧烈，这种高强度的摩擦不仅会导致秸秆出现形变，同时还会使压缩环境中的温服发生提升，使秸秆材料之中的木质素逐渐发生软化甚至是液化，同时不同秸秆粒子之间也会产生一定的黏合力，从在不断挤压的作用下使秸秆压缩成相应的形状。四是要保证经过压缩处理的秸秆有规整的外形，在之前的压缩操作中虽然能保证秸秆的密度发生提升，但是秸秆受到内应力影响，容易导致秸秆出现不稳定的情况，因此在最后的阶段中就要消除压缩成块秸秆中的内应力，保证秸秆压缩块的外形以及质量。

四、秸秆压块成型技术前景

我国有着丰富的农作物秸秆资源，目前总体利用率不高，秸秆资源可开发利用潜力巨大。秸秆易取、价廉、资源丰富，只要有绿色植物年复一年地生长，这一资源就不会枯竭。原来作为废弃物直接焚烧处理的农作物秸秆，也可成为农民一个新的收入增长点。研究开发秸秆压块成型技术符合我国能源、环保及建设节约型社会的要求，也是整个农业可持续发展的一项战略措施。秸秆成型技术的推广应用，对缓解能源紧张、治理有机废弃物污染、保护生态环境、促进人与自然和谐发展都具有重要意义。

秸秆压缩成块技术的出现为农民带来了一条增加收入的致富路，同时这种秸秆压缩技术生产出来的产品也能取代化石能源，这无疑是促进能源发展的有力手段。需要技术人员能掌握这项技术的关键，大力地进行推广。

第六节　秸秆揉搓加工技术

一、技术原理

与传统的秸秆青贮技术不同，秸秆揉搓加工技术是将收获成熟玉米果穗后的玉米秸秆，用挤丝揉搓机械将硬质秸秆纵向铡切破皮、破节、揉搓拉丝后，加入专用的微生物制剂或尿素、食盐等多种营养调制剂，经密封发酵后形成质地柔软、适口性好、营养丰富的优质饲草的技术。可用打捆机压缩打捆后装入黑色塑料袋内贮存。经过加工的饲草含有丰富的维生素、蛋白质、脂肪、纤维素，气味酸甜芳香，适口性好，消化率高，可供四季饲喂，可保存 1～3 年，同时由于采用小包装，避免了取饲损失，便于贮藏和运输及商品化。

秸秆揉搓加工能够极大程度地改善和提高玉米秸秆的利用价值、饲喂质量，降低饲养成本，显著提高畜牧业的经济效益，有力地推动和促进畜牧业向规模化、集约化和商品化方向发展。此外，秸秆揉搓加工能够改善养殖基地和小区饲草料的贮存环境，可以有效地提高农村养殖基地的环境水平。

据测算，玉米种植农户仅卖秸秆每亩可增收 50 元左右；加工 1t 成品饲草的成本为 100～130 元，以当前乳业公司青贮窖玉米饲料销售价 240 元/t 计算，可获利 110 元/t 以上，经济效益十分显著。需要注意的是：秸秆揉搓加工技术适用于秸秆产量大、可为外地提供大量备用秸秆原料的地区。

二、秸秆揉搓饲料评价标准

玉米秸秆经揉搓加工后，若饲料颜色为绿色或黄绿色，则为上等，酸味浓，有芳香味，柔软稍湿润。中等饲料颜色为黄褐色或黑绿色，酸味中等或较少，芳香，稍有酒精味，柔软稍干或水分稍少。下等饲料为黑色或褐色，酸味很少，有臭味，呈干燥松散或黏软块状，为防止牲畜中毒，该种饲料不宜饲喂牲畜。

第七节　秸秆膨化饲料技术

一、发展现状

经过几十年的研究和探索，秸秆膨化技术取得了长足的发展和进步，广泛用于各种工业原料、生物化学制剂以及饲料加工业。秸秆膨化方法由传统的机械挤压膨化发展到如今用于饲料生产的生物发酵膨化技术。随着我国养殖业的发展及政府对秸秆资源化利用投资力度的加大，秸秆膨化加工技术将在中国饲料加工业中发挥越来越重要的作用。

二、秸秆膨化技术特点

1. 采用物理生化复合处理方法

经过不断升级改进，目前秸秆膨化技术已达到先进水平。其原理是利用螺杆挤压方式，经高速回旋的螺杆作用，使秸秆在机腔内挤压、摩擦、剪切而迅速产生大量热量，将机械能转化为热能，物料的物理特性发生变化，由粉状变成糊状，再通过出料口压力骤降使秸秆形成喷放过程，破坏秸秆表面蜡质膜，使秸秆纤维细胞壁断裂。在强大压力差作用下，秸秆经熟化、糖化的质变过程后，再经有益微生物厌氧发酵，最后转化成营养丰富、绿色生态的家禽和家畜饲料。

2. 秸秆膨化成套设备体积小、生产率高

秸秆膨化饲料生产工艺过程简单、方便，普通人员即可操作，适于村、屯就地就近加工饲料。膨化饲料加工生产率高达

1.5~2.5t/h，膨化率在95%以上，是饲料加工产业的一大进步。

3. 秸秆膨化饲料营养丰富、易于吸收

膨化饲料粗纤维、粗蛋白质等营养成分含量比普通饲料提高近3倍，而且利用率提高，易于动物消化吸收，可有效节约粮食饲料用量；适口性好，具有醇香、酸香、果香等香气，家禽动物喜食；生产成本低，产品价格比一般饲料偏低，畜牧养殖户易于接受，是猪、牛、羊、鹅等家养牧业的首选佳品。

三、膨化秸秆的优点

（1）提高秸秆适口性。秸秆经膨化加工处理后，富有独特的香味和蓬松的口感、糊化度高，大大刺激动物食欲，诱食效果增强。

（2）提高秸秆的消化率。经膨化处理后，使其中蛋白质和脂肪等有机物的长链结构变为短链结构，增加动物对饲料的吸收率。

（3）提高饲料品质。①饲料膨化过程使蛋白质与淀粉基质充分结合，饲喂时吸收率高，能量不易流失，只有肉牛体内的消化酶分解淀粉时才能释放蛋白质出来，蛋白质效价提高。②膨化过程造成蛋白质发生变性，蛋白质在肠道中的水解时间缩短，容易消化。③膨化会生成瘤胃蛋白，瘤胃不可降解的蛋白质，避免产生氨中毒，提高蛋白质的消化率。

（4）降低原料中细菌、霉菌和真菌含量。

（5）提高纤维可溶性，挤压膨化过程可大大降低饲料中粗纤维含量。

（6）有利于秸秆贮存，延长其保质期，秸秆在高温高压以及膨化作用下，杀灭秸秆中的霉菌、细菌和其他病原微生物，因此可以提高秸秆的卫生条件，可以有效地防止动物腹泻、胃肠炎和下痢等疾病的发生。

四、加工工艺

1. 切短

机械收割玉米可直接粉碎后运回工厂，也可以将秸秆运输回工厂后，用铡草机铡切成1~3cm长度。

2. 输送

通过输送机给膨化机设备供料。

3. 膨化

秸秆经膨化机进行膨化处理，适当加水，避免膨化高温导致秸秆焦煳。焦煳的秸秆是不能食用的。

4. 填水

膨化后的秸秆经输送机运送到打捆机处过程中适当补充水分，使秸秆水分控制在60%~75%，秸秆与水的比例为1∶(1.5~2.0)。

5. 加发酵菌

将每袋约500g秸秆发酵菌剂倒入桶中，按1∶10比例加入清洁的水，水温在40℃左右，搅拌均匀后配成5L的菌液，利用加菌泵精确控制加菌量，每吨秸秆加入菌液1L左右。

6. 机械打捆

注意在打捆过程中，检查秸秆含水量，水分不宜过大，否则打捆时水分会被挤压流出，导致营养成分损失。

7. 包膜

选用专用高品质包裹膜进行包膜。包膜可以避免运输途中破损，还可以延长贮存期限。包膜缠绕至少4层以上。

8. 充分发酵

包裹膜的秸秆及时运送到成品仓库贮存进行发酵。冬季发酵在温度适宜的情况下，60d以上可以使用；其余季节发酵

30d 以上可以使用。

五、使用方法

每天饲喂量按体重的 1.5%～2%供给，可替代 20%～40%精料。秸秆经膨化和生物发酵处理后的秸秆膨化生物饲料具有如下优越性：一是秸秆经膨化发酵后，提高了纤维素的表面积及润胀性，提高营养物质的降解率；同时，高温高压和机械剪切力的共同作用导致植物细胞壁破裂，营养物质释放出来，利于消化吸收，营养价值得到大幅提升。二是添加微生物菌剂后，秸秆的 pH 值会迅速降到 4.2 以下，抑制霉菌和酵母菌生长，防止秸秆发霉变质、发热，减少养分损失。三是秸秆发酵过程中，有益微生物生长繁殖，产生大量有机酸、消化酶、B 族维生素和其他抑菌物质，可提高动物机体免疫力。四是适口性好，消化率高，饲喂肉牛可以节约 20%～50%的精饲料。五是解决了常规秸秆饲料运输难、贮存难、营养价值低、饲用品质差、适口性差、消化利用率低等诸多问题，适应秸秆饲料商品化、工厂化、市场化的发展趋势。

第六章　秸秆基料化综合利用

第一节　秸秆基料化综合利用概述

一、秸秆基料化基本概念

秸秆基材料是秸秆综合利用的重要途径。秸秆基材料（以下简称基质）指以秸秆为主要原料加工或制备的有机固体材料，既能为动植物和微生物的生长提供良好的条件，又能为动植物和微生物的生长提供一定的营养。麦秸、稻草等谷物秸秆是培育牧草腐生真菌的优良原料之一，可作为牧草腐生真菌的碳源。通过与牛粪、麦麸、豆饼或米糠等氮源相匹配，可以在适当的环境条件下培养出美味的食用菌。农作物秸秆富含纤维素、木质素等有机物，是栽培食用菌的良好原料。以秸秆为基质栽培食用菌，大大增加了食用菌生产的原料来源。该技术的应用和推广可以使农业资源实现多层次的增值，不仅可以大量利用农作物秸秆，减少环境污染，而且可以增加农民收入，符合可持续发展的大方向。利用农作物秸秆栽培食用菌不仅可以降低成本、提高效益，熟料的下脚料又可返田肥地，还是营养丰富的牲畜饲料，促进农业生产的良性循环。

种植食用菌前，生产人员应深入了解当地农作物秸秆的各种特性，采用合理的原料配比，将玉米秸秆、小麦秸秆、大豆秸秆等农作物秸秆按一定比例粉碎，以替代原木锯末，使其成为食用菌生长的主要基础材料。采用粉碎各种农作物秸秆的方法，为食用菌提供生长基质，使大量废弃的农作物秸秆可以再利用，降低农民焚烧秸秆的概率，改善生态环境。由于秸秆价格低廉，可以在一定程度上降低食用菌的生产成本，提高食用菌生产的经济效益，促进其长期稳定发展。

二、食用菌品种选育及创新

以秸秆基料化栽培为目标，通过大量栽培试验，选育适合秸秆栽培的食用菌菌株。

1. 秸秆基料化栽种培育白灵菇

秸秆基料化栽培白灵菇，与传统木屑栽培相比，平均生物学转化率无明显差异，保持85%左右，优质菇率均达到95%以上，原材料成本降低27%；通过与木屑基料的栽种培育比较，生物学转化率的均值提升了3%。最优的栽培配方为豆粕5%、玉米粉3%、玉米芯35%、石灰1%、玉米秸秆40%、麦麸15%、石膏1%。原料的成本与之前相比较下降了11%。

2. 秸秆基料化栽种培育杏鲍菇

秸秆基料化栽培杏鲍菇，与传统木屑栽培相比，平均生物学转化率无明显差异，保持101%左右，优质菇率均达到92%以上，原材料成本降低21%。通过试验筛选最佳栽培配方为玉米秸秆36%、玉米芯36%、豆粕8%、麦麸15%、玉米粉3%、石膏1%、石灰1%。与木屑基料栽培相比较，原料成本下降7%，平均生物学转化率提高5%。

3. 秸秆基料化栽种培育平菇

秸秆基料化栽培平菇，与传统栽培相比，在全部替代木屑基础上，减少了玉米芯用量50%以上，平均生物学转化率无明显差异，保持101%左右，优质菇率均达到92%以上，原材料成本降低30%。通过试验筛选最优栽培配方为玉米芯45%、玉米秸秆30%、麦麸20%、玉米粉3%、石膏1%、石灰1%。和木屑基料的栽种培育比较，原料成本下降5%，平均生物学转化率提高4%。

三、秸秆基料化栽种培育营养生物基肥的制作

1. 菌糠生物基肥的制作方法

配方为菌糠 60%、禽畜粪便 30%、硫酸铵 2%、生物发酵剂 3%、石灰粉 2%、石膏粉 3%。配比制作的工艺及方法应遵循配方的要求，原料使用拌料机混合搅拌均匀之后加入水并使搅拌后的材料含水量约为 62%，将微生物堆置 15~20d，并在 22℃的环境下开始发酵，直到材料堆变成褐色。发酵时，把秸秆均匀地插在原料堆上，使原料堆的内部进入空气以促使堆肥的发酵及微生物的繁殖。

2. 菌糠生物基肥的施用方法

每亩平均需要施用菌糠生物营养基肥 1 000kg，施肥后再进行翻地，把菌糠生物营养基肥和 30cm 深的土壤混合搅拌均匀。对栽种培育层面的土壤调酸，pH 值为 4.0~5.2，碱性的土壤应用硫黄，酸性的土壤加入石灰。调酸后，翻地 30cm 深的土地，除掉野草、杂草，开始栽种培育。

3. 应用效果

利用菌糠生物营养基肥，可完全代替有机肥和化学肥料，每亩蓝莓产量 1 400~1 500kg，与传统栽培相比，土壤肥力均匀，生育期间不用追肥，产量增加 6%，果实个体增大，甜度增加，肥料成本下降 60%。

利用菌糠生物营养基肥，可完全代替有机肥和化学肥料，每亩软枣猕猴桃产量 1 000kg，与传统栽培相比，土壤肥力均匀，生育期间不用追肥，产量增加 8%，果实个体增大，甜度增加，肥料成本下降 60%。

利用菌糠生物营养基肥，可完全代替有机肥和化学肥料，每亩草莓产量由 2 000kg提高到 2 400kg，生育期间不用追肥，产量增加 16.7%，果实个体均匀，甜度增加。

第二节 秸秆栽培木腐生菌类

一、灵芝

灵芝，属于灵芝菌科灵芝属，又叫红芝、灵芝草、丹芝、木灵芝和万年蕈等，具有很高的药用价值，有延年益寿的功效。

1. 原料与培养料配方

根据灵芝的生物学特性，含有纤维素、半纤维素的农副产品都是栽培灵芝的原料，其中以木屑、棉籽皮、稻草和玉米秸常用，栽培方法中以袋栽法为主。

（1）稻草型配方。稻草在使用前，在阳光下暴晒2d，然后用粉碎机粉碎成稻草粉。

（2）麦秸型配方。麦秸在使用时，要挑出发霉结块的，然后粉碎成麦秸粉。

2. 选择配方与拌料

按上述配方将主料称好，充分拌匀，然后将微量元素在水中溶解后，倒入料内，再逐渐加水，边加边搅拌，使含水量为60%。

检验办法：用手取一把料紧握，指缝间有水渗出而不下滴为合适。水分过多不利于菌丝生长，水分过少又不利于子实体形成。拌料后，用pH值试纸测定酸碱度，pH值以7.5为宜，酸性过大或碱性过大时，用石灰或盐酸调至所需的pH值。

3. 装袋与灭菌

目前用于栽培灵芝的塑料袋，根据材质分为两种，一种是高压聚丙烯，用于高压灭菌；另一种是聚乙烯，用于常压灭菌。根据规格分为两种，一种是17cm×36cm，适宜高温时栽培；另一种是20cm×37cm，适宜低温栽培。厚度都是0.3

~0.45mm。

塑料袋两端要采用颈圈封口法，没有项圈，可以用封包装箱的打包带制作，做法是将打包带截成17cm长，用电烙铁烙成圆圈，或用钉书器钉成圆圈。塑料袋装完料后，把项圈套袋口上，往回窝一个小边，做成瓶口样盖上塑料布盖，用绳扎紧。装料时，边装培养基边捣实，培养基要松紧适当，这样有利于彻底灭菌和菌丝迅速生长。

不论是采用高压灭菌，还是常压灭菌，袋与袋不能相互挤压。如灭菌锅有层架，把袋立放在层架上；没有层架的，要把袋放到灭菌用周转箱筐中。

高压灭菌在0.15MPa压力下2h，常压灭菌水开后8~10h。

4. 接种与摆袋

待培养袋冷却至30℃以下时，在无菌操作下接种。采用袋两头接种法，由两个人配合进行，一人解开料袋的捆绳，掀开项圈上的封口塑料布，另一人迅速挖两匙菌种置于料表面，然后迅速盖上封口塑料布，并扎紧。

接种后，要立即送大棚码垛发菌。要根据气温情况，决定码垛方式。温度高时，采用“井”字形摆放，温度低时，可采用卧放码高方式，可垛4~6层。大棚要保持黑暗状态。

接种后1~3d，为灵芝菌丝启动期。此时大棚温度要控制在25~28℃，空气相对湿度在55%~65%，保持大棚空气新鲜。

接种后4~7d，为吃料期。由于有氧呼吸作用，袋内温度升高，有时会高出环境温度3~5℃，这时要求加强通风换气，大棚温度控制在20~23℃，温度与前期一样，而且不能进光，仍然静止培养，不要搬动菌袋。

接种后8~15d，为菌丝对数生长期。这时菌丝生长最快，要加强通风，每天早晚都要开启大棚的上下通风口。要倒垛，倒垛目的有两个，一是促进通风，二是检查菌丝，处理污染袋。重新码垛时，要把原上边、下边的倒入中间，中间的倒入上边、下边。此时大棚温度要控制在25~28℃。

5. 脱袋与码墙

将发好菌的菌袋，从中间把塑料袋划开，脱去一半塑料袋，留一半塑料袋。

将脱半袋的菌袋横摆卧放，两排袋为一行，脱袋的一端向墙里边，没脱袋的一端面向墙外，袋间距2cm，两排间距3cm，间隙用覆土填平，每摆一层，盖一层2~4cm覆土，并铺平，可摆6~8层高。摆到一定高度后，上覆8~10cm厚的覆土，土层做成槽形，两边各有一个小土埂，两垛间的行距为60cm。

6. 子实阶段管理

码垛后，大棚内要保持一定的散射光照。

码垛7d后，可去掉项圈上的塑料盖，保持大棚内25~28℃，光照控制在4 000~6 000lx，相对湿度在85%~90%。当菌袋表面呈白或浅黄色、袋口现原基时，打开袋口的塑料布，进新鲜空气，诱导原基生长。

开袋后6~7d，子实体原基就伸出袋口，先长出菌柄，继而在菌柄上分化出菌盖。这时可向菌盖上喷0.1%胡敏酸1次，有利于菌盖生长。

此时子实体对湿度、通风要求增强，在保证温度25~28℃时，每天向棚内空间、地面及子实体喷水3~4次，保持空气湿度80%~95%。子实体成熟采收后，留下1cm长的菌柄，以利原基再分化。

二、白菇

白菇也叫双孢菇、蘑菇，是我国传统栽培品种，是出口的主要品种。

1. 栽培场所与方式

白菇的栽培场所与方式可参照平菇、香菇栽培法。

2. 原料的发酵

稻草、玉米秸要选择无霉变、无腐烂的新鲜原料，使用前切成 15~18cm 的切段。

牛粪、鸡粪要选用已腐熟过的，以纯粪为主，不加泥土。

稻草、麦秸表面有蜡质层及果胶质，不易吸水，发酵时不能马上升温，在发酵前要用水预湿，不断地喷水，碾压，也可用脚踏，用铁叉边翻边拍，使其组织破坏，表皮脱胶，水分易浸进去。

向预处理的秸秆加水搅拌，然后加入辅料，边加水边搅拌，使水分达到 70%。判断标准：用手握培养料，指缝间有水滴近似成串滴下即可。培养料堆积形状和体积直接影响到培养料的发酵效果，料堆通常宽为 1.5~2m，高为 1.3~1.5m，长度不限，视场地而定，料堆四周成近似垂直状，有利于促进培养料腐熟，顶部呈龟背状，以利于水分排出。

3. 铺料和接种

在采用穴接法时，可在培养料表面用消过毒的小棍打出小穴，穴的株行距为 10cm，往每穴中放入一块核桃大小的菌种，再盖上培养料压好，但中间的料面处要略露出一点菌种，接好种后，用消过毒的木板压平培养料面。

在采用层接法时，可采用类似平菇接种，但在最上面一层的栽培种上，应该均匀地撒上一薄层培养料，盖住栽培种。

4. 发菌阶段的管理

此阶段菇房要保持黑暗，并要调节好菇房温、湿度。适宜温度是 22~24℃，适宜的空气相对湿度是 70%左右，每天还要进行适当的通风和喷水，保持覆盖的报纸潮湿。经过 20~25d，菌丝就可长满全部培养料，在每块培养料的表面都可以看到大量白色的菌丝。

在接种后的 5d 内为菌丝的启动期，应经常检查白色菌丝的发育情况，如果第 5~6 天菌丝还不见生长，应立即补种。

接种第6天后，菌丝开始吃料，培养料过干，秸秆变红褐色，菌丝也不易长好，所以在铺料前一定将培养料的水分调节好。如果温度控制不当，上升到25~26℃以上时，则菌丝容易发展成大量菌素，也影响蘑菇产量。

5. 覆土

当培养料上菌丝基本长满时，正常情况下接种2周后，就要进行覆土。覆土会促使菌丝改变生长发育，菌丝由营养生长转为生殖生长，并伸展到覆土外面。如果空气中二氧化碳浓度在0.1%左右时，恰好有利于子实体的形成。

选择覆土的材料时，要注意其物理结构。要求这层覆土能保持培养料中的水分和通气状态。一般是选有机质含量少而又带有黏性的土粒，这样的土壤经过浇水后，不会松散或结成妨碍菌丝生长的土块。

覆土时，先用蚕豆粒大小的大土粒覆盖一层，经过6~7d，当白色菌丝长到覆土层时，再用黄豆粒大小的小土粒进行第二次覆土，两次覆土厚度约3cm。

6. 子实体阶段管理

（1）菇蕾出现与喷水管理。一般每平方米喷水200~300mL，待菌丝爬到粗土粒的2/3时，要降低菇房内相对湿度，加强通风，促使菌丝在粗细土层之间生长，逐渐变成细线状菌丝。一旦气温下降，出现米粒大小的米粒菇，就要及时喷1次出菇水，每平方米每天喷水600mL左右，持续2~3d，使粗土捏得扁、搓得圆，而细土更湿，但不粘手。喷出菇水数天后，子实体普遍发育到黄豆大小，要喷保质水。每平方米每天喷水750mL左右，持续2d。随后每天每次喷水应针对菇床上菌丝生长及菇蕾发育状况。每次喷水时，使水滴成雾状落下，菇蕾多的地方要多喷，少的地方要少喷。喷水后应通风，绝不能让水珠滞留在菇盖上。

（2）通风换气。出菇期间，应注意通风换气，但应避免通风过大，温度和湿度变化幅度过大。外界气温回升时，应适当通风，防止菇房高温高湿。流过菇床表面的气流尽可能均匀。

7. 采收

从现蕾至采收，正常情况下1周。每潮菇生长8~10d，间歇6~8d，再出第二潮菇。一般可出5潮。当菇盖直径长到2.5~4cm时就能采收，否则留得过大，影响产量，还会抑制下一潮菇蕾形成。

采收时，用利刀沿斜面将菇柄割下，既不能带下覆土层造成小坑，也不能留下菌柄，以防止出现菌柄腐烂。发现因采菇造成的小坑，立即用覆土填平。

三、黑木耳

黑木耳又名木耳、光木耳、云耳、黑耳子、木耳菇和黑菜等，是我国食用菌栽培史上最长的品种。以往多采用木段为培养料，随着木材资源减少，人们开始用秸秆代替木段栽培木耳。

1. 秸秆预处理

稻草、麦秸和玉米秸应无霉烂变质现象，但因其表面有蜡质层及果胶质，不易吸水，使用前应将蜡层破坏，其处理方法如下。

（1）碾压法。把秸秆铺在地上，用石碾反复碾压，直到秸秆变软为止，常用于稻草和麦秸处理。

（2）粉碎法。用筛底直径为10~20cm的粉碎机将秸秆粉碎，常用于玉米秸处理。

（3）浸泡法。用3%~4%石灰水溶液浸泡秸秆3~4h，捞起用清水冲去残渣，沥去多余水分，主要用于稻草处理。

（4）发酵法。用浓度为3%左右的石灰水淋湿铺在地上的秸秆，并踩碾1次，然后堆起，堆成1.5m高、1.5m宽的发酵堆，每 2d 翻堆 1 次，翻 3 次后加入其他辅料，拌匀后，再装袋灭菌。

2. 培养料制作

培养料配方如下。

杂木屑 29%，棉籽壳 29%，稻草 30%，麸皮 10%，石膏粉 1%，蔗糖 1%。

棉籽壳 50%，杂木屑 25%，玉米粉 15%，麸皮 10%。

玉米芯 48%，棉籽壳 25%，杂木屑 20%，麸皮 10%，石膏粉 1%，蔗糖 1%。

棉籽壳 48%，木屑 25%，麸皮 15%，玉米粉 10%，石膏粉 1%，蔗糖 1%。

拌料时，先把不溶性物料堆成小堆状，进行预混合，再把可溶性物料溶于水，分次加入料中，反复搅拌，使水分渗入料中，结团的要散开并过筛。拌料时要严格控制含水量，培养料的标准含水量应为 60%左右，此时用手抓培养料，用力握料，指缝间有水渗出，但不成滴；伸开手指后，料在手掌中成团，即为合适的含水量。拌料时，还要注意 pH 值，培养料的 pH 值应在 5~6. 5。调整 pH 值时，先用石灰调节到 8，经过灭菌后，pH 值自然降到 6 左右。拌料时，防止其他霉菌的感染，可用 0. 2%高锰酸钾溶液拌料，既有杀菌效果，又能为木耳提供生长所需的锰。

3. 装料打穴

配制好的培养料要及时装料，从原料配制到装料不要超过 5h；装料可以用机械，也可以手工装料，装料要结实，不留空隙，袋口要扎严，以防灭菌时薄膜内气体膨胀而使袋口敞开。一般每袋可装料 0. 5kg，装料后的袋子长 40cm。

装完料后开始打穴，用打洞器在料袋正面打 4~5 个接种穴，穴口直径 1. 5cm，深 2cm，并用食用菌专用胶布剪成 3. 25cm×3. 25cm 的小方块，贴封穴口，四周要压紧密封，不可有缝隙或翘角。

4. 料袋灭菌与接种

料袋装好后，在蒸仓内要逐层依次排放，前后排料袋间要留一定空隙，使蒸汽流通顺畅，防止有灭菌死角。

加热开始应用旺火猛攻，要求在 4h 内使温度达到 100℃，并保持 10~12h，中间不得停火，不得降温。在灭菌过程中经常检查水位观察口，防止水干，及时加热水，切忌加入冷水。

灭菌完成后，要趁热卸灶，避免因延误时间而使蒸汽弄湿穴口上的胶布。卸袋时，还要逐袋检查，发现松口或破袋，要及时扎牢，用胶布贴封。

经过灭菌后的料袋，待料温降到 30℃ 以下时，搬入接种箱或接种室接种，接种在无菌条件下进行，器具消毒同香菇栽培中的操作。

接种操作时，一面启开袋口接种穴上的覆盖物，一面用接种匙或弹簧接种器从菌种瓶内提取 1~2 勺菌种，接种到穴内。接种量一般为 5~10g，接入后顺手复原穴口上的封盖。菌种接入要迅速，尽量缩短暴露在空气中的时间。

5. 发菌阶段的管理

第 1~3 天，为菌丝启动期，是原接种点上有新长出的白色毛状物，此时要求菌袋重叠排放在培养架上，门窗遮光近似黑暗，静止培养菌袋，温度 26 ~ 28℃，空气相对湿度 55%~60%。

第 4~10 天，菌丝吃料 1~2cm，此时要求菌袋排稀，距离 2~3cm。结合通风检查杂菌污染情况。此时温度为 24~26℃，空气相对湿度 55%~60%，每天通风 2 次，每次通风 30min。

第 11~15 天，菌丝呈现白绒毛状，明显变白变粗。此时要求菌袋上下调换位置，结合通风检查杂菌污染情况，温度为 23~24℃，空气相对湿度 60%，每天早晚通风，每次通风 30min，以达到通风散热。

第16~25天，菌丝蔓延接种穴口四周，直径达8~12cm。此时要求接种口的胶布折一小隙，以便通风增氧，温度为23~24℃，空气相对湿度70%，每天早晚通风，每次通风30min。

第26~35天，菌丝粗壮、浓白、分支密集。此时要求调换菌袋，同时检查杂菌污染情况。温度为23~24℃，空气相对湿度70%，每天通风3次，每次通风40min，通风散热，保持空气新鲜。

第36~40天，菌丝纯浓白色。要求注意观察菌丝长势情况，衡量成熟程度。温度为18~22℃，空气相对湿度75%，每天通风3次，每次通风40min。

第41~50天，菌丝满袋白色，并有少量棕色米粒状耳基。温度为18~22℃，空气相对湿度75%，每天通风3~4次，每次通风40~60min。

菌袋培养期间，若发现袋内有黄、红、绿、青等颜色斑块，即为杂菌，要用福尔马林注射杂菌处，另外设培养室单独培养，仍有一定产量。如污染特别严重，立即隔离，在远处深埋或烧掉。

6. 子实体的管理

（1）菌袋开洞。用纤维绳将菌袋串吊起来，每串间距8~10cm，袋与袋之间距离不少于10cm，一般每条绳上可吊10袋。

菌袋经诱导出现少量耳芽后，温度在15℃左右时，即可开口催耳。开洞前，先去掉菌袋的项圈和塑料布，将袋口向一侧内折后再卷到一起，然后用0.2%高锰酸钾溶液洗袋面，待药液干后，用快刀片打洞。刀片一定要先用75%酒精消毒，洞穴以“V”形为好，“V”形每边长2cm，划口深度一般为2mm，每袋穴口数以10~12个为宜，均呈“品”字形排列。

（2）控制水分。菌袋开洞后，空气相对湿度经常保持在80%~90%，供水对木耳至关重要，分阶段进行管理。

第一阶段，木耳原基形成期，此时不要直接向菌袋喷水，要向架的四周、吊绳余下空间、地面喷水，喷水时，不要将水喷到菌袋的开口处，以免造成菌袋内积水，耳茎腐烂。

第二阶段，出现小耳芽，此时每天喷水 1~2 次，用喷雾器喷雾状水。

第三阶段，成耳期，每天早、中、晚用喷雾器向地面、空中喷水，早上可向菌袋喷水，保证空气湿度不低于 90%，如有雨天，可减少喷水次数。

第四阶段，采收前 1d，为保证木耳质量，要停止喷水。

（3）控制温度与光照。温度在 15~25℃范围内是木耳子实体生长的最佳温度，特别是夏季高温季节，要注意遮阳，夜间加强通风，使温度不能超过 26℃。

此时还需要足够的散射光和一定的直射光，一般室内光线要达到正常视力能看清报纸上的字，或再亮点即可。

（4）通风换气。此时要保持空气新鲜，尤其是温度、湿度大时，更要注意通风换气，促进耳片分化。低温季节，夜间需关闭门窗保温时，应留有空气对流窗口，以保证有足够的新鲜空气。

7. 采收后管理

采收结束后，将原环割部位的培养料切除，再环割一圈约 2cm，剥去塑料袋，停水 3~5d，待菌丝恢复后，再浇重水 5~7d。所谓重水指每天喷水 3~5 次，喷雾状水，使菌袋表面不积水，但又总是湿润，水分由表面向内部渗透。参照发菌阶段后期管理，15d 后可出第二批木耳，再参考子实体阶段管理方法管理。

第三节　秸秆栽培草腐生菌类

一、双孢蘑菇

1. 品种介绍

双孢蘑菇，也称蘑菇、洋蘑菇。双孢蘑菇是世界第一大食用菌，目前，全世界已有 80 多个国家和地区栽培，发展速度很快，每年以 15%~20%的速度增长。

双孢蘑菇的营养价值极高，具有抑制癌细胞与病毒、降低血压、治疗消化不良、增加产妇乳汁的疗效。经常食用，能起预防消化道疾病的作用，并可使脂肪沉淀，有益于人体减肥，对人体保健十分有益。

2. 秸秆栽培双孢蘑菇技术要点

（1）栽培场所。根据双孢蘑菇的品种特性及出菇过程中不需要光线的特点，栽培场所可用地沟棚、大拱棚、闲置的窑洞；菇房、塑料大棚、房屋、养鸡棚、养蚕棚、林地等。

（2）栽培季节。合理地安排好生产季节是获得高产的重要前提。由于栽培场所、设备条件所限，一般根据自然温度确定栽培时间。

（3）秸秆原料的准备。蘑菇的主要栽培原料是作物秸秆和动物粪便。作物秸秆中稻草、麦秸用得较多，玉米秸和豆类作物的茎秆等也可作为堆制培养料的原材料。秸秆要求足干和无霉烂，贮存过程中要防潮防霉，使用前要暴晒几天。动物粪便主要以牛、鸡的粪便为主，马、羊、兔、猪、鸭等的粪便也可用来配制培养料。

（4）秸秆栽培双孢蘑菇高产栽培配方。①麦秸（稻草）1 500kg，干牛（马）粪 1 500kg，尿素 20kg，豆饼 50kg，过磷酸钙 30kg，石膏粉 40kg，石灰 30kg，硫酸铵 10kg。②麦秸（稻草）2 250kg，干鸡粪 750kg，尿素 17.5kg，饼肥 75kg，过磷酸钙 25kg，石灰 40kg，硫酸铵 15kg。

以上按 100m^2 配料，料的 pH 值均调至 8。

（5）秸秆的堆制发酵。

秸秆发酵机理：发酵栽培即是将原料拌匀后，按一定规格要求建堆，进入发酵工艺。当堆温达一定要求后，进行翻堆，一般要翻 3~5 次，翻堆要均匀。发酵过程注意打眼通气和保温保湿。

培养料堆制发酵是有机物质在好气条件下，经多种微生物的作用，发生复杂的生物化学变化的过程。这个过程受堆肥材料、堆制场所、堆积方法、翻堆日程、含水量和微生物参与作用等的影响，而微生物起着特别重要的作用。

发酵的微生物学过程：培养料堆制发酵过程要经 3 个阶段，即升温阶段、高温阶段和降温阶段。培养料建堆初期，微生物旺盛繁殖，分解有机质，释放出热量，不断提高料堆温度，即升温阶段。在升温阶段，料堆中的微生物以中温好气性的种类为主，主要有（无）芽孢细菌、蜡叶芽枝霉、出芽短梗霉、曲霉属、青霉属、藻状菌等参与发酵。由于中温微生物的作用，料温升高、几天之内即达 50℃以上，即进入高温阶段。在高温阶段，堆制材料中的有机复杂物质，如纤维素、半纤维素、木质素等进行强烈分解，微生物主要是嗜热真菌（如腐殖霉属、棘霉属和子囊菌纲的高温毛壳真菌）、嗜热放线菌（如高温放线菌、高温单孢菌）、嗜热细菌（如胶黏杆菌、枯草杆菌）等。嗜热微生物的活动，使堆温维持在 50~70℃的高温状态，从而杀灭病菌、害虫，软化堆料，提高持水能力。当高温持续几天之后，料堆内严重缺氧，营养状况急剧下降，微生物生命活动强度减弱，产热量减少，温度开始下降，进入降温阶段，此时及时进行翻堆，再进行第二次发热、升温，再翻堆，经过 3~5 次的翻堆，培养料经微生物的不断作用，其物理和营养性状更适合食用菌菌丝体的生长发育需要。

料堆发酵温度的分布和气体交换：发酵过程中，受条件限制，表现出堆料发酵程度的不均匀性。

干燥冷却区：和外界空气直接接触，散热快，温度低，既干又冷，称干燥冷却层。该层也是堆料的保护层。

放线菌高温区：堆内温度较高，可达 50~60℃，是高温层。该层的显著特征是可以看到放线菌白色的斑点，也称放线菌活动区。该层的厚薄是堆料含水量多少的指示，水过多则白斑少或不易发现；水不足，则白斑多，层厚，堆中心温度高，甚至烧堆，即出现“白化”现象，也不利于发酵。

最适发酵区：发酵最好的区域，堆温可达50~70℃，称最适发酵区。该区营养料适合食用菌的生长，该区发酵层范围越大越好。

厌氧发酵区：堆料的最内区，该区缺氧，呈过湿状态，称厌氧发酵区。往往水分大，温度低，料发黏，甚至发臭、变黑，是堆料中最不理想的区。若长时间覆盖薄膜会使该区明显扩大。

料堆发酵是好气性发酵，一般料堆内含的总氧量在建堆后数小时内就被微生物呼吸耗尽，那么在一定时间内，料堆中的氧气是如何补充呢？主要是靠料堆的烟窗效应来满足微生物对氧气的需要，即料堆中心热气上升，从堆顶散出，迫使新鲜空气从料堆周围进入料堆内，从而产生堆内气流的循环现象。但这种气流循环速度应适当，循环太快说明料堆太干、太松，易发生“白化”现象；循环太慢，氧气补充不及时，则发生厌氧发酵。但当料堆发酵即微生物繁殖到一定程度时，仅靠烟窗效应供氧是不够的，这时，就需要进行翻堆，有效而快速地满足这些高温菌群对氧气及营养的需求，以达到均匀发酵的目的。

料堆发酵营养物质发生的变化：培养料的堆制发酵，是物质复杂的化学转化及物理变化过程。其中，微生物活动起着重要作用。在培养料中，养分分解与养分积累同时进行着，有益微生物和有害微生物的代谢活动要消耗原料，但更重要的是有益微生物的活动。把复杂物质分解为食用菌更易吸收的简单物质，同时菌体又合成了只有食用菌菌丝体才易分解的多糖和菌体蛋白质。如双孢菇栽培料中的主要成分是粪草与化肥，它们都不能直接被蘑菇菌丝所分解利用，这些纤维素、木质素为主体的有机物质必须通过堆制，在假单孢杆菌、腐质霉菌、嗜热链霉菌、高温单孢菌或高温放线菌等有益微生物作用下，特别是好热性中温及高温纤维素分解菌的作用下，降解、转化成简单的、可被蘑菇菌丝吸收利用的可溶性物质。同时，放线菌等微生物死亡之后留下的代谢物、菌体蛋白及多糖体，对蘑菇的生长具有活化和促进作用。培养料通过发酵后，过多的游离氨、硫化氢等有毒物质得到消除，料变得具有特殊香味，粪草疏松柔软，透气性、吸水性和保温性等理化性状均得到一定改善。此外，堆制发酵过程中产生的高温，杀死了有害生物，减轻了病虫害对蘑菇生长的威胁和危害。可见，培养料堆制发酵是食用菌栽培中重要的技术环节，它直接关系到蘑菇生产的效益。

因此，在堆制发酵中，要对粪、草（麦草、稻草、玉米秸等）发酵原料进行选择，碳氮源要有科学的配合，要特别注意考虑碳氮比的平衡，控制发酵条件，促进有益微生物的大量繁殖，抑制有害微生物的活动，达到增加有效养分、减少消耗的目的。培养料发酵既不能“夹生”，也不能堆制过熟，而使养分过度消耗和培养料腐熟成粉状，失去弹性，物理性状恶化。由于蘑菇菌丝不能利用未经发酵分解的培养料，因而必须经过发酵腐熟，发酵的质量直接关系到栽培的成败和产量。

秸秆发酵料处理方法：双孢蘑菇培养料的处理一般采用二次发酵也称前发酵、后发酵。前发酵在棚外进行，后发酵在消好毒的棚内进行，前发酵需要 20d 左右，后发酵需要 5d 左右，全部过程需要 22~28d。二次发酵的目的是进一步改善培养料的理化性质，增加可溶性养分，彻底杀灭病虫杂菌，特别是在搬运过程中进入培养料的杂菌及害虫。因此，二次发酵也是关键的一个环节。

培养料（麦秸、稻草）预湿：有条件的可浸泡 1~2d，捞出后沥去余水直接按要求建堆。浸泡时水中要放入适量石灰粉，每立方米水放石灰粉 15kg。

建堆：料堆要求宽 2m，高 1.5m，长度可根据种植量的多少决定。建堆时每隔 1m 立一根直径 10cm 左右、长 1.5m 以上的木棒，建好堆后拔出，自然形成一个透气孔，以增加料内氧气，有利微生物的繁殖和料堆的均匀发酵。石膏与过磷酸钙能改善培养料的结构，加速有机质的分解，故应在第一次建堆时加入。石灰粉在每次翻堆时根据料的酸碱度适量加入。

堆料时先铺一层麦秸（大约 25cm 厚），再铺一层粪，边铺边踏实，粪要撒均匀，照此法一层草一层粪地堆叠上去，堆高至 1.5m，顶部再用粪肥覆盖。将尿素的 1/2 均匀撒在堆中部。

堆制时每层要浇水，要做到底层少浇、上部多浇，以翌日堆周围有水溢出为宜。建堆时要注意料堆的四周边缘尽量陡直，料堆的底部和顶部的宽度相差不大，堆内的温度才能保持较好。料堆不能堆成三角形或近于三角形的梯形，因为这样不利于保温。在建堆过程中，必须把料堆边缘的稻草收拾干净整齐，不要让这些草秆参差不齐地露在料堆外面，这些暴露在外面的麦秸草很快就会风干掉，完全没有进行发酵。

翻堆（发酵）：翻堆的目的是使培养料发酵均匀，改善堆内空气条件，调节水分，散发废气，促进微生物的继续生长和繁殖，便于培养料得到良好的分解、转化，使培养料腐熟程度一致。第一次翻堆时将剩余的尿素、石膏、过磷酸钙均匀撒入麦秸（稻草）堆中。

若料太干，要适量浇水，每次建好堆若遇晴天，要用草帘或玉米秸遮阳，雨天要盖塑料薄膜，以防雨淋，晴天后再掀掉塑料薄膜，否则影响料的自然通气。

从建堆到发酵结束，一般需要 21d 左右，大约建堆后到第一次翻堆需 5d，之后每次翻堆间隔的天数为 4d、3d，第三次翻堆 3d 后进棚。但不能生搬硬套，如果只按天数，料温达不到 70℃ 以上，同样也达不到发酵的目的。

发酵好的料呈浅咖啡色，无臭味和氨味，质地松软，失去韧性，但有弹性。

后发酵（也叫第二次发酵）：后发酵过去一般是经过人为

空间加温，使料加快升温速度。现在一般用塑料大棚栽培，通过光照自然升温就可以了。发酵好的料趁热移入棚内，堆成小堆，每堆数量刚好铺一床面。待料升温到60℃时，保持6h，以进一步杀死杂菌与害虫，切勿超过70℃，以免伤害有益微生物。然后让料温降至52℃，保持4d，以促进微生物的生长繁殖，每天要通风2次，每次30min。若料偏干，可根据料的酸碱度喷石灰水。之后，开始铺料，料的厚度为25～30cm，摊料时要轻轻拍实。

后发酵好的料应呈棕红色，且有大量白色粉末状放线菌，有甜面包味，含水量为60%～62%，用手握之，指缝中有水纹，能握之成团，抖之即散，pH值在7.5左右。

(6) 秸秆栽培双孢蘑菇的管理方法。①播种。温度降至27℃以下时开始播种，一般用撒播，将菌种量的3/4均匀撒于料表面，用小叉子伸入料厚的一半，轻轻抖动，使菌种均匀分布到料内，然后将剩余的1/4菌种均匀撒于料表面上。播种后应覆盖一层报纸，如棚内湿度较大，保湿性能较好，可不盖报纸。②发菌。从播种到覆土前是发菌阶段，此期间的温度应控制在20～25℃，空气相对湿度保持在70%左右，播种后1～2d，一般密闭不通风，以保温保湿为主，3d左右菌丝开始萌发，这时应加强通风，使料面菌丝向料内生长。菇棚干燥时，可向空中、墙壁、过道洒水，以增加空气湿度，减少料内水分挥发。③覆土材料的处理。土应取表面15cm以下的土，经过烈日暴晒，以杀灭虫卵及病菌，而且可使土中一些还原性物质转化为对菌丝有利的氧化性物质。覆土最好呈颗粒状，小粒0.5～0.8cm，粗粒1.5～2.0cm，掺入1%的石灰粉，喷甲醛及0.05%敌敌畏，堆好堆，盖上塑料薄膜闷24h。然后掀掉薄膜，摊堆散发完药味即可覆土，土的湿度调节到用手捏不碎、不黏。④覆土。15d左右，菌丝基本长满料的2/3，这时应及时覆土，覆土层的厚度应为2.5～3cm。覆土后要用3d的时间喷水，目的是让土料充分吸收水分，但水不能渗到料里，喷水时要做到勤、轻、少。⑤出菇管理。覆土后20d左右开始出菇，温度保持在20~24℃，空气相对湿度在80%~85%，在此期间一般不能往料面上喷水。当菌丝布满料面时要喷重水，让菌丝倒伏，以刺激子实体的形成，此后停水2~3d，同时加大通风量。当菌丝扭结成小白点时，开始喷水，增大湿度。这时应加强通风，空气相对湿度保持在90%左右，控制温度在12~18℃，随着菇量的增加和菇体的发育而加大喷水量，喷水时要加强通风，高温时不能喷水，采菇前不能喷水。当蘑菇长到黄豆大小时，需要喷1~2次较重的出菇水，每天1次，以促进幼菇生长。之后，停水2d，再随菇的长大逐渐减少喷水量，一直保持即将进入菇潮高峰，再随着菇的采收而逐渐减少喷水量。⑥转潮管理。每采完一潮菇后要清理料面，采过菇的坑挂处再用料填平，保持料面平整、洁净，处理完毕，再重喷1次1%石灰水，按常规管理，7~10d又出现第二潮菇。

一般采收6~9潮菇，采完3潮菇后，应疏松土层，打洞，改善料内的通气状况，并在采菇后到新蕾长到豆粒大前喷施追肥。

3. 秸秆栽培双孢蘑菇效益分析

秸秆种植双孢蘑菇，投入小，产出大，经济效益显著，是农民增收的有效途径。根据生产实践，每亩地菇棚可利用秸秆1.5万kg，创造3万多元的经济收入，实现亩纯收入2.6万多元。

（1）投入（菇棚造价未计算在内）。每平方米麦秸草25kg，每千克0.24元，计6.5元；干鸡粪7.5kg，每千克0.2元，计1.5元；其他辅料如石膏粉、化肥等0.5元，菌种2.2元，总计10.7元。每亩地投资7 126.2元。

（2）效益。每平方米产鲜菇12.5kg，产值50元（4元/kg），每亩地收入33 300元。纯收入为33 300－7 126.2＝26 173.8元。

二、草菇

1. 品种介绍

草菇原系热带和亚热带高温多雨地区的腐生真菌，含有丰富的维生素C（抗坏血酸），每100g鲜草菇就含有206.27mg，比富含维生素的水果、蔬菜高很多。草菇还含有9.81%~18.4%的纤维素，远远超过一般蔬菜。纤维素有利于减慢人体对碳水化合物的吸收，有利于糖尿病患者的血糖控制，并有抑制肠癌的作用。

草菇所含脂肪较少，是一种低热食品，且所含胆固醇比动物脂肪低。草菇中核酸含量较高，还含有还原糖和转化糖，都是人体必需的营养成分。草菇含有丰富的钙、磷、钾等多种矿物质成分，亦是人体所不可缺少的。此外，草菇中还含有一种叫作异种蛋白的物质，可以增强机体的抗癌能力。草菇所含的含氮浸出物嘌呤碱能抑制癌细胞的生长。同时，夏天食用草菇又有防暑去热的作用。因此，草菇是一种营养丰富的“保健食品”。

我国的草菇在国际市场上久负盛名，近销日本、东南亚，远销美国、加拿大；无论是鲜菇、速冻菇，还是干菇、罐头草菇，在世界菇类市场均是一种畅销商品。因此，发展草菇生产对开发利用我国北方地区数量巨大的农作物秸秆废料、调剂市场蔬菜供应、改善人民生活、发展农村商品经济都是很有意义的。

2. 秸秆栽培草菇技术要点

（1）栽培场所。北方春夏季风大雨多，气候干燥，且气温不稳定，室外栽培草菇，受自然气候影响，温度与湿度不易人工控制，很难达到理想产量。要获得草菇高产，必须有保护性栽培设施。栽培设施一般以塑料大棚、地棚和阳畦较为实用，建造容易，费用少，能达到保温、保湿和调节通风、光照的要求，给草菇生长发育创造适宜的小气候环境。

近年来，在山东、河北、山西等地区进行玉米地套种草菇试验，利用玉米地的株高叶茂能遮阳、盛夏季温度高的特点，露地栽培草菇，促进了草菇和粮食的增产增收。

（2）栽培时间。草菇属喜温性真菌，在生长过程中要求气温稳定在23℃以上，才有利于菌丝生长和子实体形成，山东可在5月下旬至9月中旬进行草菇栽培。

（3）秸秆原料的准备。草菇是一种腐生真菌，依靠分解吸收培养料中的营养为主。培养料中营养充足，则菌丝体生长旺盛，子实体肥大，产量高，质量好，产菇期长。在贫瘠的基质中，菌丝生长不良，产量低，产菇期极短。在草菇栽培中，常用富含纤维素的稻草、麦秸作为碳素营养源，在培养料中适当添加一些含氮素较多的麸皮，可促进菌丝生长，缩短出菇期，提高产菇量。培养料中添加氮源时，以添加5%麸皮效果较好，用畜禽粪时要经过发酵处理。

（4）秸秆栽培草菇高产配方。①麦草90%，麸皮5%，生石灰5%。②麦秸94%，麸皮5%，磷肥0.5%～1%，尿素0.3%～0.4%，多菌灵0.1%～0.2%。③稻草95%，硫酸铵2%，石灰1%，过磷酸钙2%。④稻草90%，麸皮4%，硫酸铵0.5%，干牛粪5%，石灰0.5%。

（5）栽培方式。①畦栽法。畦床宽80～100cm，长度不限。做床时，先将畦床挖10cm左右深，把土围于四周筑埂，做成龟背形床面，埂高30cm左右，周围开小排水沟。播种前2d，将畦床灌水浸透。播种前1d，畦床及其四周撒石灰粉消毒。播种时，将发酵好的秸秆铺入畦内（每平方米按干料20kg下料）。铺平后将秸秆踩踏一遍，再在料面上均匀地捅些透气孔。然后把菌种撒在料面上，菌种用量为5%～8%。菌种撒完后，轻轻压一遍，上面再覆盖一层薄料，然后在畦埂上盖以塑料薄膜。②波形料垄栽培法。将培养料在畦床面上横铺或纵铺成波浪形的料垄，料垄厚15～20cm（气温高铺薄些，气温低铺厚些），垄沟料厚 10cm 左右，表面撒上菌种封顶，用木板轻轻按压，使菌种与料紧密接触。③梯形菌床栽培法。顺着畦床纵向将培养料做成宽 25cm、高 20cm 的上窄下宽的梯形菌床。菌种层播三层，表层撒满料面，用薄料覆盖。

3. 秸秆栽培草菇效益分析

栽培草菇投资小，周期短，收益高，市场潜力大。从接种到采收只需 10~12d，整个生产周期仅 1 个月，1 年可种 4~6 批。按 $100m^2$ 栽培 2 500kg 计算，可产鲜草菇 750kg，30%转化率。按每千克售价 5 元计，$100m^2$ 每批产值每月达 3 750元，而成本投入仅 1 300元，其中菌种 300 元，稻草麦草、米糠等共 1 000元，纯收入达 2 450元。若种 4~6 批可获利 1 万~1.5 万元。

三、鸡腿菇

1. 品种介绍

鸡腿菇，又名鸡腿蘑、毛头鬼伞，属真菌门、担子菌亚门、层菌亚纲、伞菌目、伞菌科、鬼伞属。鸡腿菇是我国北方地区春末、夏秋雨后发生的一种野生食用菌，也是一种具有商业潜力、可被人工栽培的食用菌。

传统的鸡腿菇栽培以棉籽壳或废棉为主要原料，最近试验成功的利用玉米秸秆栽培技术，降低了生产成本，增加了农民收益，提高了农业经济效益，为大量有效利用玉米秸秆找到了新出路。秸秆栽培鸡腿菇的废料是很好的有机肥，用来肥田可使贫瘠的土地变成丰产田，从而使物质能量逐级得到利用，促进生态系统的良性循环，有效解决焚烧秸秆污染环境的问题，实现经济、社会、生态效益的高效有机统一，具有很好的发展前景。

2. 秸秆栽培鸡腿菇技术要点

（1）栽培场所。根据鸡腿菇的品种特性，栽培场所可选择地沟棚、大拱棚、塑料大棚、林地等。

（2）季节安排。根据鸡腿菇生活习性，可分3月和9月两次栽培。

（3）秸秆原料的准备。鸡腿菇是腐生性真菌，其菌丝体利用营养的能力特别强，纤维素、葡萄糖、木糖、果糖等均可利用。因此，一般作物秸秆、野生草木等均可用来生产鸡腿菇。鸡腿菇菌丝还有较强的固氮能力，因此，即使培养料的碳氮比较高，鸡腿菇也能生长繁殖。但在生产中为使其生长正常和加快生长速度，提高产量和商品质量，还应适当添加一些氮素营养，如麦麸、尿素、豆饼粉等，一般培养料的碳氮比在（20~40）：1 即可。

（4）秸秆栽培鸡腿菇高产配方。①稻草、玉米秸秆各40%，牛、马粪 15%，尿素 0.5%，磷肥 1.5%，石灰 3%。②玉米秸秆 88%，麸皮 8%，尿素 0.5%，石灰 3.5%。③玉米秸、麦秸各 40%，麸皮 15%，磷肥 1%，尿素 0.5%，石灰 3.5%。以上秸秆粉碎成粗糠，粪打碎晒干，将配料掺匀，再加水 150%~160%拌匀。以上配方中均需要额外加入 0.1%多菌灵或甲基硫菌灵（或适量加入其他杀菌剂）。

（5）秸秆处理方式。①秸秆生料栽培鸡腿菇。拌料时应先将粉碎后的玉米秸秆等主料平摊于地，然后再将麸皮、石灰、石膏等辅料拌匀后均匀撒于主料上，经 2~3 次翻堆，使主料与辅料充分混合均匀，然后再加水。若气温高，拌料时应加入适量的石灰粉，以免酸料。料与水的比例一般在 1：(1.2~1.4)。培养料含水量高低是决定出菇迟早及产量高低的重要因素之一，含水量过低，出菇迟，产量低；含水量过高，则菌丝生长缓慢，且易感染杂菌。一般每 100kg 的干料需加水 120~140kg，以手握培养料紧捏时指缝间有水渗出，但不下落为好，拌好的培养料 pH 值应在 9~10。拌料完毕后不再经任何处理而直接接种栽培。②秸秆发酵料栽培鸡腿菇。鸡腿菇发酵料的原理同双孢蘑菇。

采用发酵料栽培鸡腿菇时，原料最好选用新鲜、无霉变的。将拌好的料堆成底宽1m、上宽0.7~0.8m、高0.8m的梯形堆，长度不限，表面稍压平。待温度自然上升至65℃后，保持24h，然后进行第一次翻堆。翻堆时要把表层及边缘料翻到中间，中间料翻到表面，稍压平，插入温度计，盖膜，再升温到65℃。如此进行三次翻堆后接种栽培。

（6）秸秆畦式直播栽培鸡腿菇。①挖畦。根据栽培棚的大小在棚内挖畦。2m宽的拱棚，可沿棚两侧挖畦，畦宽80cm，畦深20cm，中间留40cm宽的人行道。②铺料、播种。挖好畦后，在畦底撒一薄层石灰，将拌好的生料或发酵料铺入畦中，铺料约7cm厚时，稍压实，撒一层菌种（菌种掰成小枣大），约占总播种量的1/3，畦边播量较多。然后铺第二层料，至料厚约13cm时，稍压实，再播第二层菌种，占总播种量的1/3（总播种量占干料重的15%）。再撒一层料，约2cm厚，将菌种盖严，稍压实后，覆盖塑料薄膜，将畦面盖严、发菌。③发菌期管理。播种覆膜后，保持畦内料温在20℃左右，勿使料面干燥或过湿。当料面出现菌丝时，每天掀动薄膜1~2次，进行通风换气，使畦面空气清新。正常情况下15~20d料面即发满菌丝。④覆土。鸡腿菇的覆土处理方法同双孢蘑菇。鸡腿菇菌丝生长发育成熟后，不接触土壤不形成子实体，因而料面发满菌丝后应及时覆土，覆土层约3cm厚，清水喷至覆土最大持水量，覆土层上可覆盖塑料薄膜进行发菌。⑤出菇期管理。当菌丝长出覆土层时，就要适当降温，尽量创造温差，减少通风，加强对湿度的管理。适当增加散射光强度进行催蕾，避免直射光照射，以使菇体生长白嫩；并注意将薄膜两端揭开通小风，刺激菌丝体扭结现蕾。实践证明，适当缺氧能使子实体生长快而鲜嫩，菇形好。大田栽培的，4—5月应加盖双层遮阳网，若在树林或果树下，加一层遮阳网，避免直射光的照晒。菇蕾形成后，精心管理7~10d，子实体达到八成熟，菌环稍有松动，即可采收。

3. 秸秆栽培鸡腿菇效益分析

（1）投入。①栽培棚投入。100m^2 栽培棚 60 根竹子约 125kg，每千克约 0.5 元，共 60 元；大棚膜专用厚膜 25m，约 130 元；黑色遮阳网需 60m，约 150 元；下雨时必须盖上大棚膜，防雨水侵入。这样即建成周年栽培的种菇大棚，总投资约 360 元。②原料投入。需用玉米秸秆 1 250kg，每千克 0.1 元，计 125 元（也可用麦草）；麦麸或米糠 250kg 约 300 元（也可用牛、鸡等畜禽干粪代替）；复合肥 63kg 计 100 元；石灰 75kg 计 50 元；地膜约 4kg 计 32 元；栽培种 120kg 计 360 元。原材料费共计 967 元。

（2）效益。按每平方米最低产鸡腿菇 15kg、零售价每千克 10 元计算，80m^2 毛收入 1.2 万元－总投资（360 元＋967 元）＝纯利润 1 万余元；若按批发价 6 元/kg 计算，纯收入 5 800余元。

按高收入 1 万元与低收入 5 800元折合计算，平均纯收入为 7 900元。一般播种后 45～50d 开始出菇，以后每间隔 15～20d 采收一潮，可采 5 潮，4～5 个月为 1 个生产周期。

四、大球盖菇

1. 品种介绍

大球盖菇又名皱环球盖菇、皱球盖菇、酒红球盖菇，菇色鲜红，菌盖半球形，朵形大，菌盖 6～10cm。大球盖菇嫩滑柄脆，味道鲜美，B 族维生素和人体必需的矿物质及烟酸含量十分丰富，国内市场鲜品每千克 6～12 元，国际市场鲜品每千克 5～7 美元、干品每千克 40～60 美元。大球盖菇是国内商品生产性栽培的珍稀食用菌，也是国际菇类市场畅销的十大菌类之一，是联合国粮食及农业组织（FAO）向发展中国家推荐栽培的蕈菌之一。

2. 秸秆栽培大球盖菇技术要点

（1）栽培场所。选择近水源，而排水方便的地方；在土质肥沃、向阳，而又有部分遮阳的场所。

适地适栽可以得到较好的经济效益，或者稍加改造，创造条件满足大球盖菇生长发育的要求。如在果园、林地或冬闲田里进行立体种植，果菌、林菌间作，合理利用光能资源。果树、林地为大球盖菇创造了遮阳保湿的生态环境，绿色植物光合作用释放出的氧气又极大地满足了大球盖菇的好气特性，而大球盖菇排出的二氧化碳又增强了果树、林地的光合作用，它们既有营养物质的互补，又有气体交换的良性循环，有明显的经济效益、生态效益和社会效益。

（2）栽培季节。根据大球盖菇的生物学特性和当地气候、栽培设施等条件而定。在我国华北地区，如用塑料大棚保护，除短暂的严冬和酷暑外，几乎全年可安排生产。在较温暖的地区可利用冬闲田，采用保护棚的措施栽培。播种期安排在 11 月中下旬至 12 月初，使出菇的高峰期处于春节前后，或按市场需求调整播种期，使出菇高峰期处于蔬菜淡季或其他食用菌上市较少的季节。

（3）秸秆原料的选择。大球盖菇可利用农作物的秸秆原料直接栽培，不加任何有机肥，菌丝就能正常生长并出菇。如果在秸秆中加入氮肥、磷肥或钾肥，大球盖菇的菌丝生长反而很差。

大球盖菇的栽培原料来源丰富，主要用稻草、玉米秆、麦草等生料栽培，这些原料在农村极易找到，且成本很低。栽培后废料还是优质的有机肥，可用于改良土壤。

（4）秸秆栽培大球盖菇的管理。①整地做畦。先把表层的土壤取一部分堆放在旁边，供以后覆土用，然后把地整成垄形，中间稍高，两侧稍低，畦高 10～15cm，宽 90cm，长 150cm，畦与畦间距 40cm。②秸秆培养料的预湿。在建堆前麦草（稻草、玉米秸秆）必须先吸足水分，对于浸泡过或淋透了的麦草，自然沥干 12～24h，使含水量达 70%～75%。可以用手抽取有代表性的麦草一把，将其拧紧，若草中有水滴渗出，而水滴是断线的，表明含水量适度；如果水滴连续不断线，表明含水量过高，可延长沥干时间。若拧紧后尚无水渗出，则表明含水量偏低，必须补足水分再建堆。③建堆播种。堆制菌床最重要的是把秸秆压平踏实。草料厚度20cm，最厚不得超过30cm，也不要小于20cm。每平方米用干草量20~30kg，用种量600~700g。堆草时每层堆放的草离边约10cm，一般堆三层，每层厚约8cm，菌种掰成鸽蛋大小，播在两层草料之间。播种穴的深度为5~8cm，采用梅花点播，穴距10~12cm。增加播种穴数，可使菌丝生长更快。建堆播种完毕后，在草堆面上加覆盖物，覆盖物可选用旧麻袋、无纺布、草帘、旧报纸等。旧麻袋片因保湿性强，且便于操作，效果最好，一般用单层即可。大面积栽培用草帘覆盖也行。草堆上的覆盖物，应经常保持湿润，防止草堆干燥。④发菌期管理。温度、湿度的调控是栽培管理的中心环节。大球盖菇在菌丝生长阶段要求堆温22~28℃，培养料的含水量70%~75%，空气相对湿度85%~90%。⑤覆土。播种后30d左右，菌丝接近长满培养料，这时可在堆上覆土，覆土厚度为2~3cm。⑥出菇管理。大球盖菇出菇的适宜温度为12~25℃，温度低于4℃或超过30℃均不长菇。一般覆土后15~20d就可出菇。此阶段的管理是大球盖菇栽培的又一关键时期，主要工作的重点是保湿及加强通风透气。大球盖菇出菇阶段空气的相对湿度为90%~95%。⑦采菇。在菌膜破裂、菌盖未展平前采收为宜，可收3~5潮菇，每潮相隔15~25d，每朵重100~200g。

3. 秸秆栽培大球盖菇经济效益分析

利用秸秆种植大球盖菇，生物学效率一般为25%~45%，每平方米可生产大球盖菇5~8kg，按10元/kg计算，可得纯利润30元左右。一个150m^2的菇棚，一批投料约有4 500元的纯收入，效益可观。

总之，大力推广秸秆栽培食用菌技术，以每亩春秋两季的作物秸秆（麦草、玉米秸秆）可供栽培使用来计算，可生产秋菇 6 000kg，春菇 1 500kg，价值 27 000元左右，扣除 12 000元左右的材料成本、人工费用及菇房折旧，每亩秸秆种植食用菌的纯收入可达 15 000元，远远超过春秋两季作物的经济收入。同时，可以减少秸秆焚烧，菌糠还田还可减少农田化肥使用量，保护了农业生态环境，具有非常显著的社会效益。

第四节　秸秆植物栽培基质技术

秸秆植物栽培基质制备技术是以秸秆为主要原料，添加其他有机废弃物以调节碳氮比、物理性状（如孔隙度、渗透性等），同时调节水分使混合后物料含水量在 60%～70%，在通风干燥防雨环境中进行有氧高温堆肥，使其腐殖化与稳定化。良好的无土栽培基质的理化性质应具有以下特点。

（1）可满足种类较多的植物栽培，且满足植物各个时期生长需求。

（2）有较轻的容重，操作方便，有利于基质的运输。

（3）有较大的总孔隙度，吸水饱和后仍保持较大的通气孔隙度，可为根系提供足够的氧气。

（4）绝热性能良好，不会因夏季过热、冬季过冷而损伤植物根系。

（5）吸水量大、持水力强。

（6）本身不带土传病虫害。

第七章　秸秆原料化综合利用

第一节　秸秆作为建筑材料

利用秸秆作为建筑材料的途径大致分为三大类：一是通过物理方法压实秸秆，形成满足致密要求的墙体材料，包括秸秆砖和秸秆复合板，即生物质固化，然后直接使用；二是利用空心混凝土砖体，将捆扎在一起的秸秆压实体置于其孔洞内，并在秸秆压实体与砖体之间的间隙填充混凝土，即得到秸秆混凝土砌块；三是将秸秆细化处理后添加到混凝土中，即秸秆混凝土。国外对秸秆在建筑上的利用主要是通过物理处理，形成具有一定密实度的秸秆砖，然后直接使用。压实体与砖体之间的间隙填充混凝土。这种砌块适用于村镇建筑物，其加工工艺是两者分步制作，形成半成品，然后将秸秆压缩砖填充到混凝土空心砌块里形成成品。

一、秸秆砖

秸秆草砖砌块主要由秸秆打捆机加压而成，通常是长方形的。秸秆草砖所用的秸秆含水量一定要低于15%，在含水量大于15%的环境中，秸秆就会发霉，使材料本身变质。等天晴可以把秸秆晒干，然后测量其含水量。秸秆的热导率随材料密度的增大而减小，通过压实秸秆的方法可以提高秸秆的密度。但秸秆本身蓬松，所以压实后容易变形，对建造秸秆草砖房屋不利，试验提出合理的麦秸砖墙密度范围为80～100kg/m^3。

秸秆砖房是以稻草、麦秸制作的秸秆砖为基本建材建成的，具有保温、保湿、造价低廉、节约燃煤、抗震性强、透气性能好和减少二氧化碳排放、降低对大气的污染、保护耕地等优点，是典型的资源节约型环保建设项目。用秸秆砖修建的房子四角是砖柱，可以承受屋顶的重量，地基和房梁也用砖石和木材，而墙体全部是整齐的秸秆砖，或称草砖。由于秸秆含硅量高，其腐烂速度极其缓慢，具有很好的耐用性。秸秆砖是含水量低于15%的秸秆或稻草经过秸秆砖机打压紧实后，再由金属网紧密捆扎而成的，每块长90~100cm，高36~40cm，厚45~50cm，一块质量约40kg，密度通常在80~120kg/m^3。虽然由天然脆弱的秸秆构成，经过这样的制作工艺后，1m^2的秸秆砖可以承受超过1 960kg物体的压力。在砖柱框架基础上填充秸秆砖后、再用钢板网将秸秆砖和砖柱固定起来，最后再多次浇筑水泥。

秸秆砖的制作方式简单，农民在经过简单的培训后都能够掌握。现在有秸秆砖压制机，可以很快地将蓬松凌乱的稻草压制成砖块，再用铁丝捆扎加固，适当修剪后就可以投入使用。这种简单使用的思路和方法在我国有很广阔的应用前景。

1. 秸秆砖的生产工艺

（1）收集。据观察，对于同期生产的秸秆，秸秆砖要保证防腐，而杂草在潮湿时更易腐烂，故原料应不含杂草。

（2）压实。主要应用捆扎机，捆扎机压缩孔道的尺寸决定着秸秆砖的高和宽，通常小型尺寸为(32~35)cm×50cm×(50~120)cm，密度80~120kg/m^3，中型尺寸50cm×80cm×(70~120)cm，大型尺寸70cm×120cm×(100~300)cm或更大，通常可用在承重主体中，这类大型秸秆砖的密度为180~200kg/m^3。

（3）捆扎。捆扎线一定要足够结实且性质稳定，必须绷紧并且抗腐蚀，人工材料要好于天然材料，聚丙烯材料是很好的选择。

（4）切割。若要把秸秆砖切割成所需规格，需要借助秸秆砖针设备的辅助将其重新捆紧，这种针带有手柄、针尖和针眼，可用结构钢简单地制成。

（5）贮存。秸秆砖必须贮存在干燥的环境中，不能直接接触地面，可在地面铺设塑料布等防水设施腾空架起或在其与地面之间放置托盘。同时，必须做好防雨设施，秸秆砖之间要留有一定的间隙。

2. 秸秆砖的性能

（1）动力特征。秸秆砖可以承受每米墙体工作面长度500kg的荷载（近似等于1 000kg/m^2），秸秆砖墙若在克服纵向挠曲方面有足够的稳定度，还可以承受更高的荷载值。如在建筑之前做好预应力处理，秸秆砖在物理承力方面完全可以胜任作为建筑材料。

（2）抗震。秸秆砖受到静荷载时，会有些许压缩现象，而当秸秆砖上的荷载被解除时，所有的秸秆砖都恢复了原状。正是由于秸秆砖的这种高度韧性，秸秆砖作为建筑材料，在抗震方面能起到很重要的作用。

（3）隔音。秸秆砖的建筑隔声效果较好，并且秸秆砖在一定程度上还能吸收声音。

（4）隔热。秸秆砖建造房屋可以达到复合低能耗节能建筑材料的标准，即年耗能量不大于15kW·h/m^2。事实上，秸秆砖用于诸如隔热层及填充板，因其低成本及良好的隔热性能，用于保温性能差的房屋密封隔热，是非常经济有效且节能的方法。

（5）防火。松散的秸秆易于燃烧，然而内外面均有抹灰的秸秆砖可以抗燃烧达90min（抗火等级F90）。因此，墙体一旦建立起来，应马上喷涂，抹灰涂层可进行防火保护。

（6）防潮。干秸秆本身具有良好的吸湿性，但为了保证秸秆砖的性能，秸秆砖的含水量应低于15%，故应设立防水层，在利用秸秆砖建筑时，为使潮气很好地扩散，可在内表面设置水蒸气隔离层，外表面处理时应保证水蒸气能够溢出；为保证秸秆砖的干燥，建造者必须保证在最后一层灰泥添加之前，所有的灰泥都要干透，而这样也防止了霉菌的滋生。

（7）防虫防鼠。压实后的秸秆密度达 $90kg/m^3$ 以上，可有效抵抗各种啮齿类动物的冲击。对于抹灰秸秆砖，老鼠则首先要穿过 3~6cm 的涂层，加之秸秆砖又被充分压实，更难以啃咬。

（8）使用寿命长。秸秆材料的使用寿命很长，并已被一些西方发达国家所证实，最早的秸秆建筑距今已有 100 多年的历史了，且仍然可以居住。

二、秸秆复合板

秸秆复合板指以麦秸和稻草为原料，参照木质刨花板和中密度纤维板的生产工艺，经改良而制成的人造板材，后工业时代，秸秆板走上了快速发展之路。以麦秸和稻草为代表的粮食作物秸秆，较之工业时代采用的蔗渣和亚麻屑，在纤维素和木质素含量上与木材更为接近，因而在木材紧缺的当下，农作物秸秆成为最具潜质的替代材料。

稻草板的生产工艺是瑞典 20 世纪 30 年代发明的，当今世界已有 30 多个国家用稻草之类的秸秆为原料，在不同气候条件下生产和应用这种板材。两条稻草板生产线年产量可达 $1\times10^6m^2$，可提供（2.5~3）$\times10^5m^2$ 建筑面积的新型建筑板材。

稻草板的生产工艺简单，原料单一，建厂容易，是较易推广的新型建材产品。主要工艺流程：稻草进厂后用打捆机打成捆，外形尺寸约为 1 100mm×500mm×350mm，重约 22kg；经过输送、开束、松散等工序分选后，合格的稻草经料斗入成型机；用挤压热压法把稻草压成板状，加热温度为 150~220℃；不加胶料或黏结剂，只在板的上下两面贴牛皮纸，纸上涂一层胶与稻草粘住，板的两侧边也用牛皮纸包好贴上；然后通过输送辊送到切割机，切成所需的长度，两端切口也用牛皮纸条贴好，即成成品。

稻草板的优点如下：一是原料来源广，可以使用农业废料；二是块大体轻，便于施工作业；三是节能节水，生产 $1m^2$ 稻草板耗电 2.35kW · h，与目前的建材产品相比，耗能相对较低，生产过程中不用水；四是有广阔的农村市场。总之，稻草板的综合经济效益是显著的，使用效果也不错。尽管如此，人们还是担心，毛茸茸的稻草制成板后不防火，又易燃；软绵绵的稻草压成板后，强度也不会高。然而，事实证明，由于工艺上压缩密实，排出了板芯的空气，又不含有机胶料，所以稻草板无论是力学性能还是耐火性能都是令人满意的。

三、秸秆混凝土砌块

利用农作物秸秆与水泥复合制作新型节能墙体材料——秸秆混凝土砌块，具有环保、生态、节能、保温、经济等优点，符合绿色节能环保的建筑标准，能带来明显的经济效益和社会效益。

1. 秸秆混凝土砌块的优点

（1）原材料资源丰富。我国作为农业大国，秸秆混凝土砌块的原材料资源丰富，生产成本低，使用周期长。可以解决城镇居民的住房保温功能需求，拉动城乡的建筑市场发展，延伸了产业链。

（2）节能环保。农作物秸秆本身具有良好的热绝缘性，生产的秸秆混凝土砌块保温性能好，改善了围护结构的热工性能，降低了建筑物能耗，具有传统纯秸秆砌块和混凝土空心砌块的优点，同时弥补了两者的不足，避免了出现如混凝土空心砌块的保温性能较差及秸秆砖墙体强度较低的问题。

（3）改善建筑环境。秸秆混凝土砌块制作材料健康无污染，具有一定的调湿功能，维持室内温度、湿度较稳定，能保持较好的适合健康居住的空气品质。同时，秸秆砌块房的抗震性能、隔音效果优良。

秸秆混凝土砌块建筑是集社会效益、经济效益和环境效益于一体的新型节能建筑材料，在国家推进建筑节能改革以及绿色可持续发展的大环境下，全面推广热工性能优越、舒适度高的混凝土夹心秸秆砌块建筑，对推动建造节能住宅、缓解环境与能源危机有着重大的现实意义。

2. 秸秆混凝土砌块的制作

秸秆混凝土砌块的制备是先制作混凝土空心砌块，然后再制作秸秆压缩块，最后用秸秆压缩块插孔制成。砌块采用的尺寸为390mm×190mm×190mm，所用的材料见表7-1。

表7-1　秸秆混凝土空心砌块制备用料

水泥	粉煤灰	沙	碎石	聚丙烯纤维
PC32.5	Ⅲ级灰	细度模数为3.2	5～10mm	—

四、秸秆混凝土

秸秆混凝土是对农作物秸秆做细化处理，添加至混凝土里，放入模具成型后养护使用。将秸秆添加到混凝土中制成的秸秆混凝土能够降低混凝土的原料成本，减少自重，提高保温性能，增加混凝土的延性和抗裂性。农作物秸秆含有丰富的纤维素、半纤维素和木质素等，其纤维结构紧密，有较好的韧性和抗拉强度。掺入混凝土内部呈三维乱向分布，当混凝土因早期受收缩应变引起裂缝时，纤维能跨越微裂缝区域传递荷载，改善混凝土内部的应力场分布，增加裂缝扩展的动能消耗，进而约束裂缝扩展；同时，当混凝土承受外部拉力时，内部的植物纤维能提供拉应力，吸收混凝土表面裂缝处的应力，进而提高混凝土的阻裂性能和抗拉性能。

秸秆细化分为两种形式：一种是直接粉碎即只改变秸秆的物理尺寸；另一种是将秸秆煅烧改变其化学组成。粉碎处理添加法指先将农作物秸秆粉碎成定尺寸的秸秆碎料，将秸秆碎料和混凝土按照一定的配合比混合并搅拌均匀后，经一定的加工工艺成型、养护，脱模使用。该产品与空心混凝土夹心秸秆压缩砖砌块相比，优点突出，效果明显，不仅大幅度提高秸秆用作墙体材料的强度，而且克服了加工成本偏高的缺点。

目前，解决秸秆纤维与水泥的相容性问题是秸秆混凝土发展的关键，目前虽然提出了一定的处理办法，但是过程繁杂，耗费人力、物力，不适宜规模生产，又或者是所添加的化学剂有一定的毒副作用。如何改善纤维与水泥的相容性，在未来仍然是秸秆混凝土研究的重点和难点。确定各种农作物秸秆的结构构造、纤维属性以及破碎方法和适用范围，针对不同要求选用相适宜的秸秆纤维，对于有效利用农业秸秆混凝土极为重要。因此，应针对不同的农作物秸秆，开发出规范化、标准化和科学化的破碎方法和筛选方式，提高生产混凝土的效率，还应在提高秸秆混凝土制备技术与强度等级的前提下，深入研究秸秆混凝土在自然环境及极端环境下的服役行为，确保其应用于高层建筑、路基以及隧道等大型结构中的可靠性和合理性。

第二节　利用秸秆砖的墙体结构

一、结构体系介绍

纤维增强复合材料：许多材料，特别是脆性材料在制作成纤维后，强度远远超过块状材料的强度。例如，窗户玻璃是很容易打碎的，但是用同样的玻璃制作成的玻璃纤维，拉伸强度可高达20~50MPa，不仅超过了块状玻璃的强度，而且可与普通钢的强度媲美。

1. 基体

基体的作用之一是把纤维黏结起来，并将复合材料上所受的载荷传递和分布到纤维上去。根据基体的不同，复合材料可以分为聚合物基复合材料、金属基复合材料、陶瓷基复合材料和碳基复合材料。聚合物基有不饱和聚酯、环氧树脂和酚醛树脂等热固性基体以及尼龙、聚酯等热塑性基体。

在纤维增强复合材料中，增强效果主要取决于增强纤维本身的力学性能、纤维的排布与含量。纤维的排布分为两种极端情况。一种是所有的纤维都朝一个方向顺排，这种增强方式为单向增强；另一种是所有的纤维都无规则地乱排，这种增强方式称为无序增强。

2. 不饱和聚酯

不饱和聚酯通常指饱和二元酸和不饱和二元酸与饱和二元醇缩聚而成的线形高聚物。由于其主链中具有可反应的双键，在固化剂的作用下能形成交联体型结构。不饱和聚酯树脂的黏度小，能与大量填料均匀混合。例如，在玻璃纤维增强聚酯中，玻璃纤维含量可高达80%。不饱和聚酯可以在室温常压下成型固化，固化后具有优良的力学性能和电性能，因此成为复合材料中很有用的一种基体树脂。玻璃纤维增强聚酯俗称聚酯玻璃钢，已经在汽车、船舶和其他工业中获得广泛应用。

3. 胶黏剂

胶黏剂是能够把两个固体表面黏结在一起，并在结合处具有足够强度的物质。

二、承重秸秆砖墙

承重又分承重内墙架和承重外墙架。由秸秆砖堆砌起来的承重秸秆砖墙能够很好地将屋面荷载直接传向基础；此种建筑材料简单、结构简单、建造周期短以及建造成本低，备受人们的青睐。

1. 承重秸秆墙在结构上的特性

（1）承重秸秆砖墙只能应用在单、双层建筑的建造中。在单层秸秆砖承重墙建筑设计中，外墙的宽高比不能超过5∶1，一般使用的是小型秸秆砖；所有双层承重秸秆砖建筑都是采用大型秸秆砖建造的；秸秆砖应该高度压缩，至少应具有 $90kg/m^3$ 的表观密度。

（2）屋顶荷载应均匀分布到墙上，不能集中在一点上，而且应中心传递，作用范围应分布到墙体厚度的50%以上；只有在屋顶比较轻或墙体采用高度预应力或设置了圈梁体系的情况下，坡屋顶才能被安全地使用。

（3）洞孔应该适当狭窄。窗户和门上方的过梁可不设置，作为替代物，圈梁的尺寸应该按照受力要求进行合理设计。

（4）应允许圈梁有足够的容差，因为在完工后的数周或数月内，秸秆砖往往会发生蠕变（压缩或弯曲等）。

（5）墙上洞孔间的尺寸必须至少等于一块秸秆砖的长度；洞口长度不能超过墙体长度的50%，而且洞口离拐角处至少1.2m。

（6）对于窄长的墙体，当受非常大的屋顶荷载时，应置额外的支撑以防屈曲。

（7）在墙承重的秸秆砖建筑中，墙体表面的灰泥抹面（特别是水泥灰泥）也扮演着一个重要的结构角色，秸秆砖和两侧的灰泥层结合在一起形成三明治般的结构，比这两者任何一个单独承重的效果都好。

2. *承重草砖墙的建造方法*

在碎石和沙砾铺地的基础上，将经过良好压缩、密度较高的草砖以错位的方式垒砌成墙体，草砖之间插有加强筋。建造过程中预留出窗洞和门洞的位置，墙体顶部设置圈梁。草砖墙内外依靠张拉皮带产生均衡的预应力并同顶部圈梁共同捆绑。草砖垒砌完成之后，墙体表面进行结构性的抹灰处理。草砖与两侧抹灰层组成了三明治形坚固的墙体，有良好的承载性能。承重草砖墙建筑在建造过程中关于结构强度的问题有以下一些注意事项。

（1）用于承重的草砖必须经过良好压缩，在加工前水分含量不应超过20%，干密度要达到 $90kg/m^3$。秸秆纤维排列越密，草砖强度越高，建筑也就越坚固。

（2）承重秸秆砖墙在两层以下，外墙的高宽比不能超过5：1，墙体有最小厚度的要求。

（3）墙体上窗洞的大小和尺寸有一定限制。窗孔可以适当狭窄，高度必须大于宽度。墙上和角落处的窗孔间尺寸必须至少等于一块草砖的长度。

（4）墙体的表面处理材料的强度和透气性。

三、非承重秸秆砖墙

草砖与木结构搭配是各类秸秆建筑尤其是住宅中较为普遍、成熟的一种。秸秆与木材同为天然的生物材料，在内部和表面属性上的相似性使两者搭配后显得十分和谐。所搭配的木结构多为梁柱木结构或轻型木结构、平台式木结构三种。梁柱木结构以垂直木柱和水平横梁构成建筑的承重结构，并通过分布于各层的斜向拉索、斜撑支柱来抵抗水平力（风荷载），从而达到结构的稳定性。结构构件采用实心木方或胶合木，构件间通常使用钉或金属连接件连接。

梁柱木结构利用刚性连接件可以形成大跨度空间，但材料尺寸和用量较大，在林业资源紧缺的当下显得并不是很经济。草砖在与梁柱木结构搭配过程中只充当墙体、顶部的填充材料使用，并不起承重作用。位于德国下弗朗科尼亚地区的少数族裔迁居住宅是梁柱木框架结构与非承重草砖墙结合的典型案例。草砖作为填充物在建筑中起保温隔热的作用，两层秸秆墙高度为8m，内外均有抹灰，一层采用整体通风材料。在该案例中，草砖位于主体木结构的前方，以达到最大程度的气密性。

轻型木结构和平台式木结构都是由断面较小的规格材料密布连接成的结构形式，由主要结构构件（包括柱子、主次梁的结构骨架）和次要结构构件（墙板、楼板和屋面板）共同承受荷载。它们有经济、安全、结构布置灵活的特点，建造快捷，预制化程度较高，一般用于小型的住宅建筑，是世界范围内与秸秆材料搭配最为常见的结构类型之一。草砖与轻型木结构搭配建造的住宅广泛应用于北美地区，是当地草砖建筑的主流形式。由于北美林业资源丰富，住宅建筑基本采用轻型木结构体系，建造技术十分成熟。将草砖等秸秆材料与之搭配，很好地契合了地域环境和建造传统。轻型木结构在欧洲拥有更为多样的形式。在搭建过程中，建筑各部分的结构骨架整体搭建，草砖只充当填充材料，嵌入结构骨架中，避免了草砖垒砌所带来的尺寸偏差和墙体形变的问题。再通过外部的金属网、抹灰面层或饰面板增强结构强度。

对于非承重草砖墙体，草砖在堆砌过程中与结构柱的位置有一定的关系，这对墙面上洞口的设置和饰面处理方法有直接影响。柱或门窗框架与草砖的连接处通常采用膨胀金属包角。承重草砖墙体一般采用抹灰的饰面处理手法，配合金属网的张拉作用，提升墙体的结构性。非承重草砖墙体兼具抹灰和耐候板两种处理手法。

四、秸秆层的隔热

农作物纤维块建筑最大的优点是农作物纤维这种材料极高的保温隔热系数。农作物纤维这种材料本身的隔热性能并不比其他许多材料（如玻璃纤维、纤维素或者矿棉等）要好，但是厚度为45~60cm的农作物纤维块墙的保温隔热性能却非常之好，而且墙体本身的固化能量很低。农作物纤维块墙体是一种可持续发展且低技术、低消耗的超保温墙体。

秸秆墙具有很好的保温隔热能力，不仅由于秸秆这种材料本身具有极高的保温隔热系数，而且由于秸秆墙的厚度一般都比较大。以美国为例，根据亚利桑那州立大学教授McCabe的计算数据，三道箍秸秆块[60cm×(116~122)cm×(38~40)cm]墙体的隔热系数是R-45~R-57，两道箍秸秆块（45cm×91cm×35cm）墙体的隔热系数是R-42~R-43；田纳西州的橡树山国家实验室最近做的试验结论是三道箍秸秆块的隔热系数是 R-33。目前美国的木框架填充墙建筑规范的要求仅仅是 R-11 或 R-19，也就是说，秸秆块的最小保温隔热系数将是规范的 2 倍左右。如果秸秆砖墙外加了灰泥抹面，保温隔热能力将会再度提高，甚至比土坯墙、夯土墙、双层隔热砖墙或者双层隔热木板墙等的保温隔热效果都好，且造价更低廉。秸秆纤维混凝土砌块作为一种新型的建筑材料，传热系数较小，具有很好的保温隔热性能。秸秆纤维混凝土砌块的保温隔热性能远远高于普通墙体，其保温性能是普通黏土砖墙体的近 10 倍。

评判任何一种环保型人工环境的最终标准就是这种技术能否给人类带来舒适和愉悦。一个空间的围合物如果散发着温暖的气息（保温板），总是让人在气温偏低的天气中感到舒适；同样地，在炎热的日子里坐在凉爽的墙壁旁边也会让人感到舒适。加了灰泥抹面的农作物纤维块墙既是超保温又是超隔热的。如果墙体设计合理的话，可以具备稳定的热辐射能力。

第三节　秸秆人造板材技术

一、技术原理与应用

秸秆人造板是以麦秸或稻秸等秸秆为原料，经切断、粉碎、干燥、分选、拌以异氰酸酯胶黏剂、铺装、预压、热压、后处理（包括冷却、裁边、养生等）和砂光、检测等各道工序制成的一种板材。我国秸秆人造板已成功开发出麦秸刨花板，稻草纤维板，玉米秸秆、棉秆、葵花秆碎料板，软质秸秆复合墙体材料，秸秆塑料复合材料等多种秸秆产品。

二、技术流程

农作物秸秆制板的工艺流程可归结为 2 种，即集成工艺和碎料板工艺。

1. 集成工艺流程

农作物秸秆→拆捆→清除杂质→加热挤压→贴保护再生纸（可加玻璃纤维层）→切割封边→成品板。

2. 碎料板工艺流程

农作物秸秆→拆捆→粉碎→清除杂质→研磨→与 MDI 胶（黏结剂）混合→铺装→顶压及热压→齐边砂光→成品板。

三、技术操作要点

1. 原料准备

必须配备专门的原料贮场，最好要有遮棚，以防淋雨。为了防止原料堆垛发生腐烂、发霉和自燃现象，应控制好原料含水量，一般应低于 20%。

2. 碎料制备

若为打包原料，需用散包机解包，再送入切草机，将稻秸秆加工成 50mm 左右的秸秆单元；若原料为散状，则直接将其送入切草机加工成秸秆单元。为了改变原料加工特性，可以对稻秸秆进行处理，一般可以采用喷蒸热处理。工艺上通常用刀片式打磨机将秸秆单元加工成秸秆碎料，若借用饲料粉设备时，要注意只能用额定生产能力的 70%进行工艺计算。

3. 碎料干燥

打磨后的湿碎料需经过干燥将其含水量降低到一个统一的水平。由于稻秸秆原料的含水量不太高，此外，使用 MDI 胶时允许在稍高的含水量条件下拌胶，故干燥工序的压力不大，生产线上配备 1~2 台转子式干燥机即可。

4. 碎料分选

干燥后的碎料要经过机械分选（可用机械振动筛或回转滚筒筛）进行分选，最粗和最细的碎料均去除，可用作燃料，中间部分为合格原料，送入干料仓。

5. 拌胶

生产中采用异氰酸酯作为胶黏剂，施胶量为4%~5%，若采用滚筒式拌胶机，要力求拌胶均匀，为防止喷头堵塞，在每次停机后均需用专门溶剂冲洗管道和喷头。拌胶时还可以加入石蜡防水剂和其他添加剂。拌胶后的碎料含水量控制在13%~15%。

6. 铺装

需要注意在板坯宽度方向上铺装密度的均匀性，同时要防止板坯两侧塌边。

7. 预压和板坯输送

为了降低板坯厚度和提高板坯的初强度，生产线上可配备连续式预压机，在流水线中，采用平面垫板回送系统。

8. 热压

热压温度保持在200℃左右，单位压力在2.5~3.0MPa，热压时间控制在20~25s/mm。

9. 后处理

后处理包含冷却、裁边和幅面分割。经过必要时间后的产品采用定厚砂光机进行砂光，保证板材厚度符合标准规定的要求。

10. 检验

用国产化秸秆碎料板生产线制造的产品其物理力学性能符合我国木质刨花板标准的要求，但甲醛释放量为零。

四、注意事项

1. 原料含水量控制

通常贮存的原料含水量在10%左右，当年送到工厂的麦秸原料含水量在15%左右。由于使用异氰酸酯胶黏剂，允许干燥后的含水量稍高，在6%~8%，这就表明稻秆原料的干燥负载不大，一般仅相当于木质刨花板生产的40%～50%。所以，要根据具体情况设计干燥系统和进行设备选型，以避免造成机械动力、能源和生产线能力的浪费。

2. 原料的收集、运输和贮存

秸秆是季节性农作物剩余物，收获季节在秸秆产区常发生地方小造纸厂、以秸秆为原料的生物发电厂和秸秆板企业之间争夺原料问题，如果没有地方政府行政干预，单凭秸秆板厂独立运作，很难实现计划收购；秸秆的特性是蓬松、质轻、易燃，即便打捆后运输也十分困难，如果秸秆运输半径大于50km，则运输成本会大大增加；农作物秸秆含糖量比较多，因此易发生霉烂，不利于贮存。

3. 生产过程中脱模问题

秸秆人造板生产使用异氰酸酯作为胶黏剂，虽然解决了脲醛树脂胶合不良的问题，但同时也存在热压表面严重黏板问题。目前，国内解决黏板问题的方法主要为脱模剂法、物理隔离法和分层施胶法。此外，也有在板坯表面铺撒未施胶的细小木粉，隔离异氰酸酯胶与热压板和垫板的接触，从而达到脱模的效果。

4. 施胶均匀性问题

秸秆板以异氰酸酯为胶黏剂，考虑到异氰酸酯的胶合性能及其价格，施胶量一般控制在3%～4%，约为脲醛树脂施胶量的1/4。然而，秸秆刨花的密度仅为木质刨花的1/5～1/4。要使如此小的施胶量均匀地分散于表面积巨大的秸秆刨花上非常困难，目前生产实践中采用如下两种施胶方法：一种是采用木刨花板拌胶机的结构，加大拌胶机的体积，以保证达到产量和拌胶均匀的要求；另一种是采用间歇式拌胶的方法，使得秸秆刨花在充分搅拌情况下完成施胶过程。

5. 板材的养生处理及运输问题

秸秆刨花板往往热压后含水量偏低，置于温湿差异较大的大气空间中，过一段时间后，会吸湿膨胀而发生翘曲变形（薄板更为明显）。为了克服这种现象，需要对板材进行养生处理，消除板材内应力，均衡含水量，消除板材翘曲变形。

第四节　秸秆清洁制浆技术

秸秆清洁制浆技术是对传统秸秆制浆工艺的革新，其目标是以资源减量化，废弃物资源化和无害化，或消灭于生产过程中为原则，以高效备料、蒸煮等技术手段实现秸秆纤维质量的提高和生产过程污染物产生的最小化和资源化。本节重点介绍有机溶剂制浆技术、生物制浆技术和DMC（净化原料）清洁制浆技术。

一、有机溶剂制浆技术

1. 技术概述

有机溶剂法提取木质素就是充分利用有机溶剂（或和少量催化剂共同作用下）良好的溶解性和易挥发性，达到分离、水解或溶解植物中的木质素，使得木质素与纤维素充分、高效分离的生产技术。生产中得到的纤维素可以直接作为造纸的纸浆；而得到的制浆废液可以通过蒸馏法来回收有机溶剂，反复循环利用，整个过程形成一个封闭的循环系统，无废水或少量废水排放，能够真正从源头上防治制浆造纸废水对环境的污染；而且通过蒸馏，可以纯化木质素，得到的高纯度有机木质素是良好的化工原料，也为木质素资源的开发利用提供了一条新途径，避免了传统造纸工业对环境的严重污染和对资源的大量浪费。近年来，有机溶剂制浆中研究较多的、发展前景良好的是有机醇和有机酸法制浆。

2. 技术流程

以常压下稻草乙酸法制浆为例，技术流程：长度为2～

3cm 稻草在料液比 12∶1、0.32% H_2SO_4 或 0.1% HCl 的 80%~90%乙酸溶液中制浆 3h。粗浆用 80%乙酸过滤和洗涤 3 次，然后用水洗涤。过滤的废液和乙酸洗涤物混合、蒸发、减压干燥。水洗涤物注入残余物中。水不溶物（乙酸木素）经过滤、水洗涤，然后冻干。滤液和洗涤物结合、减压浓缩获得水溶性糖。粗浆通过 200 目的筛进行筛选，保留在筛子上的是良浆，经过筛的细小纤维浆用过滤法回收。

3. 技术操作要点

（1）原料。原料为收集好的麦草。贮存期 1 年左右，含水量为 9.5%。人工切割，长度 3cm 左右，风干后贮存于塑料袋中平衡水分备用。

（2）制浆。将麦草和 95%乙酸按 10∶1 的比例加入带回流装置的圆底烧瓶内，常压下煮沸 1h，此为预浸处理。冷却后，把预处理液倾出，同时加入 95%乙酸水溶液及一定量的硫酸蒸煮，料液比为 10∶1。

（3）洗浆。分离粗浆和蒸煮黑液。粗浆经醋酸水溶液和水相继洗涤后，疏解、筛选得到细浆。

（4）蒸煮废液的处理。将蒸煮废液与粗浆的乙酸洗涤液混合后用旋转蒸发器浓缩，回收的乙酸用于蒸煮或洗涤，浓缩后的废液中注入 8 倍量的水使木素沉淀。经沉淀、过滤后与上清液分离，沉淀即为乙酸木素，滤液为糖类水溶液（主要来自半纤维素降解）和少量的木素小分子。

（5）检测。细浆用 PFI 磨打浆，浆浓度为 10%。采用凯赛快速抄片器进行抄片，纸张定量 $60g/m^2$。在标准条件下平衡水分后按照国家标准方法测定纸张的性质。

二、生物制浆技术

1. 技术概述

生物制浆是利用微生物所具有的分解木质素的能力，来除去制浆原料中的木质素，使植物组织与纤维彼此分离成纸浆的过程。生物制浆包括生物化学制浆和生物机械制浆。生物化学法制浆是将生物催解剂与其他助剂配成一定比例的水溶液后，其中的酶开始产生活性，将麦草等草类纤维用此溶液浸泡后，溶液中的活性成分会很快渗透到纤维内部，对木素、果胶等非纤维成分进行降解，将纤维分离。

2. 技术流程

干蒸法制浆是将麦草等草类纤维浸泡后，沥干，用蒸汽升温干蒸，促进生物催解剂的活性，加快催解速度，最终高温杀酶，终止反应。制浆速度快，仅需干蒸 4~6h 即可出浆。其主要技术流程为浸泡、沥干、装池（球）、生物催解、干蒸、挤压、漂白制浆。

3. 技术操作要点

（1）浸泡。干净干燥的麦草（或稻草）投入含生物催解剂的溶液中浸泡均匀，约 30min。

（2）沥干。将浸泡好的麦草捞出后沥干水分，沥出的浸泡液再回用到原浸泡池中。

（3）装池（球）。将沥干后的麦草或稻草装入池或球中压实。

（4）生物催解。在较低的温度下进行生物催解，将木素、果胶等非纤维物质降解，使之成为水溶性的糖类物质，以达到去除木素、保留纤维的目的。

（5）干蒸。生物降解达到一定程度后即可通入蒸汽，温度控制在 90~100℃，时间 3~5h，杀酶终止降解反应，即可出浆。

（6）挤压。取出蒸好的浆，用盘磨磨细，放入静压池或挤浆机，用清水冲洗后挤干。静压水可直接回浸泡池作补充水，也可絮凝处理后达标排放或回用。

（7）漂白制浆。挤压好的浆可直接进行漂白制浆，漂白后浆白度可达80%~90%，可生产各种文化用纸，生活用纸等。未漂浆可直接作包装纸、箱纸板、瓦楞原纸等。

三、DMC清洁制浆技术

1. 技术概述

在草料中加入DMC（碳酸二甲酯）催化剂，使木质素状态发生改变，软化纤维，同时借助机械力的作用分离纤维；此过程中纤维和半纤维素无破坏，几乎全部保留。DMC催化剂（制浆过程中使用）主要成分是有机物和无机盐，其主要作用是软化纤维素和半纤维素，能够提高纤维的柔韧性，改性木质素（降低污染负荷）和分离出胶体和灰分。DMC清洁制浆法技术与传统技术工艺与设备比较具有“三不”和“四无”的特点。“三不”包括不用愁“原料”（原料适用广泛）、不用碱、不用高温高压。“四无”包括无蒸煮设备、无碱回收设备、无污染物（液、气、固）排放、无二次污染。

2. 工艺流程

DMC制浆方法是先用DMC药剂预浸草料，使草片软化浸透，同时用机械强力搅拌，再经盘磨磨碎成浆。即经切草、除尘、水洗、备料、多段低温（60~70℃）浸渍催化、磨浆与筛选、漂白（次氯酸钙、过氧化氢）等过程制成漂白浆。其粗浆挤压后的脱出液（制浆黑液）明显呈强碱性（pH值13~14，残碱含量大于15g/L），浸渍后制浆废液和漂白废水经处理后全部重复使用，污泥浓缩后综合利用。

3. 技术操作要点

（1）草料经皮带输送机输送到切草机，切成20~40mm，再转送到除尘器，将重杂质除去，然后送入洗草机，加入2%DMC药剂，经过洗草辊不停地翻动，把尘土洗净。

（2）洗净的草料进入备料库后再转入预浸渍反应器，反应器加入2%DMC药剂，温度60℃，高速转动搅刀，使草料软化。

（3）预软化后的草料由泵输送到1号DMC动态制浆机，并依次输送到2号至5号，全程控温60～65℃，反应时间45～50min。

（4）制浆机流出的草料已充分软化和疏解，再用浆泵送入磨浆机，磨浆后浆料经加压脱水，直接进入浆池漂白，一漂使用二氧化氯，二漂使用过氧化氢，即制成合格的漂白浆粕。

（5）流出的DMC反应母液进入母液池，经固液分离，液相返回DMC贮槽，浆渣送界外供作他用。全程生产线不设排污管道，只耗水不排水，称“零”排污。

第八章　秸秆应用于环境污染治理技术

第一节　秸秆制备生物炭

生物炭是利用生物质原料在绝氧或限氧条件下经高温热解生成的一种碳含量丰富、孔隙结构发达、稳定性高的新型环保材料，其制备成本低廉、原料来源广泛，在环保领域展现出十分广阔的应用前景。

一、原料

秸秆生物炭的原料种类十分丰富，包括以禾谷类、豆类、薯类为主的粮食作物秸秆，以及以纤维类、油料类、糖料类为主的经济作物秸秆。其中水稻、小麦、玉米等禾谷类作物在我国产量较高，因而采用其秸秆制备生物炭较为普遍。用于制备生物炭的秸秆通常富含碳、氢、氧元素，且固定碳含量高于15%（质量分数，下同），但各类秸秆在元素和成分组成上具有明显差异，这与农作物的类型和生长环境等因素有密切关系。

除单一类型秸秆外，近年来将一种秸秆与其他种类秸秆或动物粪便、污泥、赤泥等按一定比例混合后作为原料共热解制备生物炭的研究也越来越受到关注。秸秆与其他生物质在共热解过程中存在复杂的交互作用，从而使制备的生物炭表现出更优异的功能性和安全性，为废弃有机质的高效利用和污水处理提供了双赢的策略，具有潜在的应用前景。

二、制备方法

目前废弃秸秆生物炭最常用的制备方法为限氧热解法和水热炭化法。其中，限氧热解法是目前秸秆生物炭的主流制备方法，在限氧条件下通过高温作用对秸秆生物质进行热解从而制得生物炭。该过程依据热解温度、升温速率和停留时间的不同可分为慢速、中速、快速、闪速热解 4 类。

尽管限氧热解法可以获得相对高的产炭率，但其反应温度通常高达 400~900℃。作为一种可替代限氧热解法的方法，近年来，水热炭化法凭借其较低的工作温度（150~350℃）、不受秸秆生物质含水量限制、废气产量少、操作成本低等优势而备受青睐。该方法将秸秆生物质原料按照一定比例加入水或其他溶剂中，于高温高压密闭反应器中加热一段时间，经水解、聚合等过程最终形成生物炭，产炭率和炭结构主要受原料组成、预处理方法、水热条件（固液比、温度、升温速率、停留时间等）的影响。

三、改性途径

由于秸秆自身性质和制备方法的不同，制得的秸秆生物炭理化性质和功能存在较大差异。为了改善生物炭性能，通常采用一系列物理、化学或生物的方法对其进行改性。

化学改性是秸秆生物炭改性的最常见途径，改性剂主要包括酸/碱、金属盐或金属氧化物等。其中，酸/碱改性旨在利用酸/碱性溶液来减少秸秆生物炭的灰分含量，改变生物炭表面的元素组成、官能团分布、比表面积和孔隙结构。

与物理或化学改性途径相比，生物改性具有改性成本更低、安全风险更小、二次污染更少等优势。秸秆生物炭发达的孔隙结构一方面有助于吸纳污染物，另一方面可为微生物提供充裕的附着生长空间。选择适宜的微生物接种至生物炭上，利用微生物的新陈代谢作用降解生物炭上吸附的污染物，或改变污染物的迁移率和存在形态，从而实现水体中污染物的菌-炭协同高效去除。

四、生物炭的应用

1. 生物炭在环境保护方面的应用

以小麦、水稻或玉米秸秆为原料，采用热解方法将其制成生物炭，并对其进行适当改性，用于环境领域重金属去除，秸秆制生物炭对铬、铅、镉等重金属展现出良好的吸附性能，或以稻壳和方解石为原料，按照一定的原料比混合，在下热解制得改性生物炭，基于生物炭表面官能团和方解石自身矿物特征协同作用，形成多相多层吸附位点，可高效吸附磷酸盐。生物炭多采用热解法制备，降低加热速率、延长炭化时间等可提高生物炭的比表面积、孔径和孔体积，为环境污染物控制和生态修复领域奠定了基础。

2. 土壤修复

土壤中的重金属具有难降解性、迁移性和毒害性，长期在土壤中积累可通过食物链进入动植物体内，给人类带来健康风险生物炭良好的吸附性能降低重金属在土壤中的浸出能力，减少在生物体内的积累等，秸秆生物炭可以通过给电子还原和吸附作用降低重金属砷的迁移性和生物毒性，秸秆生物炭的微观结构具有良好的重金属修复性能，应用秸秆生物炭使土壤中酸溶性砷降低，效果显著。

3. 废水处理

由于“三废”污染环境水体，使水体中的有害金属逐年增加，重金属进入人体后会使某些酶失活，从而使人体出现中毒症状，威胁人体健康。重金属毒性与金属种类、形态、浓度和价态等密切相关。将小麦秸秆生物炭用于去除水体中重金属的研究表明，在相对酸性条件下，小麦秸秆生物炭对六价铬去除率可达96%，六价铬吸附后被还原为三价铬，毒性降低，在吸附过程中主要是羟基自由基的作用，不会产生有毒的二次废物。

第二节　秸秆生产环保草毯

环保草毯是以稻秸、麦秸等各种植物纤维材料为原料，结合各种灌草植物种的合理配置，以及保水剂、营养基质的添加，经主要包括天然纤维预处理，纤维混合和原料铺设、复合、裁剪、打捆加工而成。

一、步骤

1. 天然纤维预处理

将稻秸秆、麦秸秆、玉米秆等植物纤维材料进行晾晒、筛选，除去杂质。

2. 纤维混合铺设，上下网层缝制

将处理后的纤维材料混合均匀并压制成层状，利用棉麻材料缝制草毯上下层网。

3. 网层复合

下网上面铺设木浆纸层，木浆纸层上面铺设种子层（无种子的草毯可以少纸层和种子层），种子层上面铺设纤维层，纤维层上面铺设上网，五层复合一体。

4. 剪裁、打捆

将上述复合一体的草毯按规格剪裁，并从上网加入保水剂和营养，然后打捆包装。

二、技术要求

1. 保水剂

一种无毒、无害的高分子聚合物。能够吸收自身重量 400

倍左右的水分，具有快速吸水、缓慢释放，促进植物吸收的特点。它能够增强土壤和基质的保水保肥能力，改善土壤的团粒结构，持续供应植物生长所需水分，抗旱、节水省肥。在环保草毯中保水剂的用量为20~40g/m^2。

2. 孔隙、透水性、持水性

孔隙大小和比例适当可保证基质正常的气体交换，透水性决定于基质内大孔隙的比例，持水性决定于基质内中、小孔隙的比例。基质总孔隙度为50%~60%，毛管孔隙度为35%~50%。

3. pH 值

衡量基质酸碱性指标，基质中养分的有效性随 pH 值而改变，pH 值过高或过低会影植物对养分的吸收。环保草毯基质的 pH 值控制在5.5~7.3。

4. 阳离子交换量

基质能够吸附阳离子数量的指标，决定于基质中矿物胶体和有机胶体的数量。阳离子交换量越高，基质保蓄养分的能力就越强。

第三节　秸秆化学改性制备吸油剂

秸秆作为天然植物纤维原料，由于其细胞壁聚合物中羟基的亲水性，使它们在水分存在条件下不仅会产生机械性能和尺寸性质改变，而且还容易被生物腐蚀降解。这些缺点限制了秸秆在工业中的应用。为了充分利用资源，可以通过对秸秆植物细胞壁聚合物的化学改性，来改善其疏水性能和尺寸稳定性。用有机酸酐，特别是乙酸酐对植物纤维原料进行化学改性，在不改变秸秆机械性能的情况下，提高其物理和化学性能。化学改性的秸秆不仅可以作为复合材料来取代木材产品，更重要的是可以作为高效吸油剂处理溢油污染。

一、秸秆化学改性方法

秸秆是天然原料，它们主要由多糖（主要是纤维素和半纤维素 70%~80%）和木素（14%~17%）组成。纤维素和半纤维素组分是亲水性的，而木素是疏水性的。秸秆不溶于水和有机溶剂，部分是因为多糖和木素-多糖复合体之间的氢键作用。纤维素和半纤维素的亲水性是由于它们存在许多羟基，可以与水分子结合使秸秆润胀和缩小、物理降解、甚至失去机械性能。三种主要成分中的活性基团——羟基含量丰富。许多试剂用来对这三种细胞壁聚合物进行改性，包括酸酐、酰基氯、异氰酸盐、醛类、卤代烷、内酯、腈和环氧化物。最初人们主要研究简单、安全和廉价的线性酰化改性方法，后来又有人研究了环状酸酐改性法。

其中使用线性酸酐化学改性法能提高木质纤维素原料的强度、体积稳定性和抗腐蚀性，而且线性酰基比羟基更加疏水，所以用线性酰基取代某些羟基基团将会减少细胞壁聚合物的亲水性。另外，改性作用将会使细胞壁的膨胀度一定，原料结合的平衡水分减少，提高了生物保护作用，使原料不易被生物腐蚀。

二、化学改性的秸秆作为高效吸油剂处理溢油污染

木材纤维成本的增加及木材的供不应求，使人们开始考虑用与木材相当的复合材料替代木材纤维。来自可再生资源的木质纤维素原料，如农业废弃物的再生产品可与木材再生产品竞争。化学改性的秸秆具有很强的疏水性，能够用作吸油剂处理溢油污染。

1. 油污染处理方法

由于近海的开发生产以及石油产品的海上运输造成了近海和海岸线水体的污染。泄漏的油如果不及时回收将会对环境造成巨大的危害。据统计，全球每年生产的 32 亿 t 石油中有

1/1 000，即 320 万 t 进入海洋环境。通常 1t 石油可在海上形成覆盖 $12km^2$ 的油膜，这些大面积的油膜将会阻隔海气交换过程，使气候异常，影响生物链循环，从而破坏了海洋生态平衡，同时也浪费了宝贵的石油资源。在中国中西部，有许多石油生产区和提炼厂，从油田、冶炼厂和石油以及石化生产过程流出物的径流也造成了内陆地区水体的污染，对当地居民和动物的生活产生了严重威胁。

目前，处理溢油的方法有物理法、化学法和生物法。在物理法中采用吸附剂处理是最经济有效的方法。吸附剂法就是采用亲油性的吸油材料，使溢油被粘在其表面而被吸附回收。工业用的油吸附剂可以分成三个主要的类别：无机矿物产品、有机合成产品和有机植物纤维产品。矿物产品包括珍珠岩、蛭石、吸着黏土和硅藻土。它们没有足够的浮扬性，而且通常油吸附力较低。在这些合成的产品中，来源于油的聚丙烯和聚氨基甲酸酯泡沫，因其高度亲油性和疏水性，而被广泛使用。但是合成吸附剂最大的问题是使用后如何处理它们。因为合成产品的缺点是降解很慢或不能生物降解。当然，可以通过填埋来处理，但是由于大多数国家收取填埋地税而使这种方法变得昂贵起来。同时，填埋也对环境不友好。而通过焚烧处理成本又很高。所以需要开发一种合适的可完全生物降解、可重新利用的吸附剂来处理溢油污染。

2. 化学改性的秸秆作天然吸油剂

作为吸附剂的天然有机植物纤维产品包括稻草、麦秸、木屑和芦苇等。尽管有机植物纤维产品显示出很差的漂浮性，相对低的油吸附能力和低的疏水性，但可以通过化学改性比如酰化作用来促进对油的吸附能力。研究者用化学改性的锯末作为一种新材料脱除水中有机污染物，结果表明，这种新材料容易从农业废弃物和其他木质纤维原料获得，具有较高的经济价值，而且改性后原料对油污的亲和力增加。

与用木材制得的吸油剂相比，秸秆吸油剂因由农业废弃物制得而使生产成本更低。任何木质纤维的纤维资源都能被线性酰化，因此为进一步利用廉价的农业废弃原料如稻草和蔗渣，提供了潜能。线性酰化稻草可以用来回收海水中的溢油。研究发现，乳草属植物纤维比聚丙烯纤维和聚丙烯织物吸收的原油的量高很多。在室温下，每克乳草属植物纤维可吸收大约 40g 原油。天然吸附剂被水浸渍和抽提之后在吸附溢油的过程中只有轻微的改变。这表明天然吸附剂吸收原油之后，可以通过简单的压榨处理，进行多次循环使用。使用天然吸附剂部分或者全部取代合成吸油剂，不但可以提高吸油效率，而且在使用后可以被完全燃烧产生二氧化碳或者留待生物降解，具有环境友好的优点。

第四节　秸秆制备绿色环保抑尘剂

一、抑尘剂制备原料及工艺

1. 制备原料

粉碎至 5~10mm 的秸秆，工业淀粉（纯度>99%），工业碱（纯度>98%），添加剂等。

2. 抑尘剂制备工艺

将工业淀粉和工业碱配成一定浓度的溶液；将粉碎秸秆投入反应釜中，并加入适量水，由室温开始加热并连续搅拌；将配好的淀粉溶液、碱溶液以及添加剂加入反应釜中，继续加热 1~2h 后，保持恒温，随后静置并自然冷却至室温。

二、黏度测试

抑尘剂黏度范围在 180~240mPa·s，能有效捕集和黏结粉尘颗粒物，黏度适中，适合喷洒。具有一定黏度的抑尘剂喷洒到粉尘颗粒物表面，能将彼此独立分散的粉尘颗粒黏结在一起，增强其抗风能力。

三、抗雨淋性与抗风性

抗雨淋性试验主要是模拟在中雨条件下，即降水量为20mm/h，表干后的抑尘剂对雨水冲刷的抗性及再次表干后的抑尘效果及表面性态；抗风性主要是模拟抑尘剂表干后长时间处于大风条件下的表面性态变化。

四、实际喷洒性能测试

无论土质如何，抑尘剂均有良好的抑尘效果，并具有良好的抗风及抗雨的性能。针对裸露土壤易扬尘的特性，所开发的抑尘剂具有良好的胶连性，喷洒到地面后容易形成表面较为致密的薄膜覆盖层，从而起到有效抑尘的目的。

五、抑尘剂喷洒厚度试验

喷洒的厚度对覆盖的效果是有影响的。不是喷洒的厚度越厚，效果就越好。当厚度较厚时，覆盖层将会导致龟裂，造成被覆盖层的裸露，从而使覆盖效果变差，并且使覆盖剂用量增加。当覆盖剂喷洒较薄时，覆盖剂分布容易均匀，干燥后不易发生开裂，而且可大大节省用量。

第九章　秸秆其他加工利用技术

第一节　秸秆编织技术

秸秆编织艺术凝结了劳动人民的智慧，包含了中国历史和文化积淀，体现了低碳环保的设计理念、极巧的实用功能及卓越的艺术价值，本节主要以麦秸和稻草为例来说明秸秆的编织技术。

一、麦秸材料的特性分析

农作物秸秆是我国重要的农副产品以及再生资源，在工艺美术的创作和生产中被广泛地运用。秸秆编织成型状态会在很大程度上受到材料构造、物理特性等的影响产生一定的差异。所谓麦秸即为小麦茎秆，可作编织之用。麦秸有 6 小节，作为编织材料时通常将麦穗以上、下部第一节以下的茎秆剔除。麦秸有着优良的耐磨性，但纤维较差，容易折断。麦秸的第二、三节也并非直接弃用，而是用于穿绕、包芯过程中。麦秸具有如下物理特征：轴径向分布着不同的结构组织，存在一定的力学性质差异。同时，麦秸物性特征会由于含水量、成熟度等的不同发生一定变化。

二、传统秸秆编织的制作流程

1. 秸秆的收存方法制作

秸秆编织材料时，理秸秆、去穗、晒干。理秸秆选用外部形态时，以干净、较细长为标准；摘芯时需先行切断第一节。麦叶包裹着的又称“白元草”，色泽佳；另有“花元草”，黄白色且种类多样。将不同花元草编成辫可做编织之用。白元草辫则全部选用白色麦秸进行编织。另有秸秆芯劈瓣编织办法等。最后进行选芯，将秸秆芯按照颜色、粗细等进行区分以备编织之用。

2. 秸秆的漂染处理

秸秆的化学成分差异大，杂质也多，因此在色泽呈现上较为复杂，除非需要采用不同色泽的材料，否则，均会对秸秆进行漂染处理，确保色泽统一。

3. 秸秆编织

秸秆是常见的编织材料，通常可直接编织或成辫编织，有挑压法、编辫法等编织方式，都是常见的编织方法，既可单独编，也可同时运用多种秸秆进行混编，编织完成后有特殊要求可做染色处理。

三、常见秸秆纺织生产工艺

1. 草袋生产工艺

（1）选草投草。选用长 85cm 以上的新稻草。投草是取草一把，掐住梢部，用手或铁烧将根部浮叶梳去，捆成小把。

（2）闷草。将选好的小把稻草，根部向下浸到水里 15cm 深，然后根向上，原把竖立在墙根阴凉处。这样浸水并层层堆码，水顺草根向下留到梢部，12h 左右就可使用。闷过的草湿度均匀柔软，打出的袋子光滑美观。

（3）经线的选择。经线应选用连续且接头少的塑料纺织绳或细麻绳，也可用稻草手工或草绳机打成。

（4）挂线。首先把钩板放在机子大轴下，然后把挂钩、拍板铁棍间隙和上错板的铁棍之间，绕过圆木大轴，循环挂到第一个挂钩为止。

（5）织片。两脚上下蹬曲轴踏板，左右手各拿一把稻草，分别向梭板的挂钩上送草。一只手送 4~5 根稻草后，即换另一只手，这样轮换送草，通过移板的左右传送，稻草的根部向着两边的边沿，梢部向里，对头顺序续草编织。织成长2m的草片。

（6）编边。抬一根绳压两根绳，顺序锁到头。草片两边“毛边”有13cm左右，都要编成“人”字形花边。

（7）缝边。把草片对折起来铺开（其中一片比另一片多伸出3cm为“舌头”），再用铁针穿草缝合边缘。压平即成草袋。

商业部门收购草袋子，要求规格质量是长90cm，宽80cm，上口“舌头”长20cm，经绳38道。成品草干，重量为甲级品1.5kg，乙级品1kg，丙级品0.5kg。编织紧密，不露经绳，新草不霉。

2. 草绳生产工艺

（1）选草。要求为新草，不发霉，长短草都适用。

（2）闷草。与草袋生产工艺相同。

（3）打绳。在草绳机上操作。要根据所产绳子粗细度决定。要求每次续草都要一致，不能忽多忽少。注意草与草的衔接要适当，使两股绳匀称，绳花紧密，绳面光洁。

（4）晾晒和打捆。刚生产出的草绳含水量大，不能立即打捆，必须晾晒，否则易发霉变质。晾晒时，将已经捆好的一面放在地上，竖起绳盘，两手从上面掰开，成扇面形状晾晒，干后再合拢，整理，恢复原状。再用另一绳头穿过绳盘空心，在第一根捆绳的对面绕捆一道。如果第一根捆绳的部位由于捆着没有晒干，则必须打开再晒，干后整理恢复原状。这样既容易晒干，又能保持原绳盘不易散乱。切勿捆好两根串心绳再晾晒，那样不易干，尤其是冬季。

第二节　农业秸秆纤维加工

一、农业秸秆纤维化的意义

目前，国内外在秸秆替代木材综合利用上尚没有形成成熟的技术、生产装备与产业化规模。缺乏高效先进、经济适用的工艺技术及专用设备，是严重制约这个产业发展的主要原因。

纤维板是由木材纤维所做成的板材。众所周知，纤维板厂生产的板材首先是将木材原料加工成片状，再经过钢磨将片状的木材搓磨成一定长径比的纤维，经过干燥后施胶搅拌均匀再压制成纤维板；而不是将木材粉碎成粉末再压制成板材，因为纤维状板材与粉末状板材的质量差别很大。在木材资源日渐匮乏的情况下，有的纤维板厂也试图用农业秸秆来替代木材纤维，但是只能将农业秸秆粉碎成粉末或切成碎片，无法将农业秸秆加工成纤维，对纤维板产品的质量有很大的影响。

农业秸秆主要含纤维素、半纤维素、木质素、淀粉、粗蛋白质、酶等有机物，还含有氮、磷、钾等营养元素。由于秸秆内含物质的复杂性，在工业利用方面不是简单的粉碎或切断后搅拌均匀再加入某些化工产品经过挤出或压制就能出产品。为了克服秸秆碎料表面不易黏合的缺点，必须使用大量昂贵的化学胶黏剂，不但增加了成本，而且在强度、性能上都远不如将秸秆加工成纤维后再制成的产品。

要想使农业秸秆在人造板、木塑、建材等行业的综合利用真正有效的持续发展，必须要把农业秸秆作为原材料加以深入研究，并且在对待不同的行业必须有不同的加工工艺和加工设备。如用秸秆生产饲料，在养猪方面则需要将秸秆处理成粉末状；在养牛方面则需将秸秆处理成条状；用秸秆加工人造板、制备木塑产品、建筑墙体材料，则必须把秸秆处理成纤维状；在有些产品上要将秸秆材料加以改性后才能达到相关的使用要求。犹如塑料行业那样，有聚丙烯、聚乙烯、聚氯乙烯等各种原材料，它就可以根据用户需求生产出不同材料的产品。秸秆的原材料加工就要做到像塑料行业那样有多品种、系列化的原料基地，才能生产出高品质和多元化的产品。

秸秆纤维化以后的用途将更加广泛：一是可以直接压制成秸秆纤维板，在密度和质量上都得到提高。二是可以按一定比例添加到木质纤维板中，替代部分木材。目前，用秸秆纤维添加到木材纤维里压制成纤维板已经过试验，并取得初步成效。三是秸秆纤维化以后，可以将不同的秸秆按不同的比例混合在一起压制成板材，单一材质的板材性能和功能上要好得多，特别是在作为木塑产品的原材料方面表现得更为明显。四是用作木塑产品的原材料比粉碎的秸秆材料在强度和质量上提高不止1个档次。用秸秆纤维替代木质纤维加工成木塑产品已试验成功，经检测已达到标准要求。五是经过改性后的秸秆纤维可以使用普通的胶黏剂，使成本大大降低。如果不将秸秆纤维化，在材料改性方面就不易进行，且改性效果不明显。六是可以加工成编织品。

秸秆纤维化以后的用途非常广泛，但仍未能进行大量生产，主要是因为秸秆纤维的加工工艺比较复杂，成本较高。在秸秆代替木材技术上我国目前还处于初级阶段，没有真正推广开来。

二、农业秸秆纤维加工的工艺

农业秸秆的成分比较复杂，秸秆与木材原料相比，纤维长度较短，抽提物含量较高，灰分比例较大，表面含有丰富的不利于胶合的物质，易腐、易燃、易霉变。这些基本特点决定了要采用特殊的加工工艺和专用的设备。

用农业秸秆替代木材在我国虽然已有一定的年数，但真正重视和发展起来是近几年的事，因此在秸秆纤维化的加工上也是试验和探索性的，在工艺和设备上没有形成统一的标准。要将秸秆加工成纤维状，最难解决的是要保持秸秆表皮与内部的一致性。当前国内外秸秆纤维的加工工艺主要有以下几种。

1. 分离法

将秸秆切段后进行喷蒸处理，再用纤维解离设备将秸秆表面含有不利于胶合的物质进行有效分离，尽可能使秸秆原料呈纤维状，然后经过干燥得到秸秆纤维。这种工艺比较复杂，需用设备较多，成本较高。

2. 电磨法

这种秸秆纤维的加工工艺与分离法大同小异，也是要经过加温蒸煮后再用电磨将其加工成纤维。

3. 搓揉法

这种工艺与以上 2 种方法差不多，就是分离、电磨设备换成了搓揉设备，不同的地方在于设备成本和效率的高低。

4. 汽爆法

汽爆法采用的是类似于爆米花的一种工艺，将秸秆放入一压力容器中加温、加压，然后瞬间打开释放压力，致使秸秆膨胀分离成纤维状。

前 3 种的秸秆纤维加工工艺基本上差不多，就是在加温过程中所添加的化学试剂和纤维的加工设备上有所区别；而汽爆法是将加温和纤维分离合在一起，比前 3 种少了 1 道工序。相比较而言，搓揉法是最好的一种工艺，它可以一直把秸秆搓揉到所需要的纤维状为止；而其他几种工艺都是不可逆的，如果剩有少量没有加工成纤维的秸秆是没有办法反复加工的，多少都有一点缺陷。

总体来说，目前的秸秆纤维加工工艺还是比较复杂的，所需设备较多、进出料麻烦、所需时间较长且效率不高，因此成本较大。

三、农业秸秆纤维的专用加工设备

因为农业秸秆是一种重量轻、体积大的材料。为了保证加工的产量，必须把设备做得很庞大，这样生产的车间和材料进出的场地也需要很大，给企业增加了额外的负担。因此，秸秆纤维的生产一直没有形成产业，也直接影响了下游企业的生产要求。

我国目前需要的是一种专用的秸秆纤维加工设备，能采用一步法大批量生产符合要求的秸秆纤维产品，并可根据用户要求随时调整使其达到一定长径比的秸秆纤维产品。目前已有科研单位研制出一步法加工秸秆纤维的设备，并获得了发明专利。它采用的是搓揉法加工工艺，将秸秆切段、蒸煮（也就是加温、加压、添加化学试剂）、搓揉、干燥几个工序放在一台设备里完成，减少了上下料的步骤，缩短了加工时间，也减少了材料的损耗。该加工设备主要的突破是在秸秆加温、加压、蒸煮过程中同时进行初步搓揉，在进一步搓揉的过程中进行干燥。另外，它还可以调节秸秆纤维加工的长径比，且没有废水产生。

农业秸秆纤维专用制备装置的主要结构：在主机架上依次安装秸秆喂送平台、1 对送料轧辊；送料轧辊出料口处设有定刀片和动刀片；机架中部皮带轮联轴器的两端分别连接电扇和飞锤搓揉机构；机架中后部安装另外的飞锤搓揉机构；出料为一螺旋输出机构。农业秸秆纤维专用制备装置结构简单，自动化程度高，可实现连续生产，能耗低，生产周期短，并且维修方便，解决了缺乏农业秸秆纤维专用生产设备的问题。

农业秸秆纤维专用制备装置的主要特点：能加工所有的农业秸秆，主要加工以稻草、麦秸秆、油菜秸秆等比较柔软的禾本科秸秆为主，对于棉花秸秆等较硬的木本秸秆，则必须更换备用的刀片和搓揉的飞锤。虽然麻烦一点，但是它可以在一台设备里完成所有的农业秸秆加工，减少了设备投资。

第三节　秸秆生产工业原料

一、电子工业用高纯四氯化硅的生产技术

电子工业用的硅元素产品、有机硅工业用的聚硅氧烷，通常采用硅砂石、石英粉等，在 2 000℃以上，碳还原条件下制取元素硅，再用盐酸反应、精馏得到高纯度的三氯合硅烷。纯

度高、来源稳定的原材料开发研究是我国经济发展、资源循环利用的需求。水稻、小麦、芦苇、玉米等秸秆含有丰富的硅元素。日本研究开发了利用水稻秸秆生产四氯化硅的制备方法。首先，燃烧或炭化处理秸秆，所得灰分在400～1 100℃条件下，与含氯碳化合物或盐酸和含碳化合物的混合物反应，沸点56.8℃条件下精馏得到超高纯的四氯化硅。四氯化硅是无色透明状液体，有窒息气味，溶于四氯化碳、四氯化钛、四氯化锡，用于制硅酸酯类、有机硅单体、有机硅油、高温绝缘材料、硅树脂、硅橡胶等。

二、稀有糖类的生物生产技术

农作物秸秆资源化利用，生产稀有糖类D–阿洛酮糖的生物生产研究，近年来备受国内外重视。通常，利用有机化学的手法大量生产是非常困难的。日本利用生物酶研究确立了利用D–塔格糖–3–表异构酶和D–果糖大量生产的工艺技术，还有三种重要的酶是L–鼠李糖异构酶、L–核糖异构酶和L–阿拉伯糖异构酶。深入研究了秸秆、柑橘皮等343种农业废弃物的糖醇、单糖、双糖的种类和含量，抽提D–果糖，制取D–阿洛酮糖。

生物过程用于农作物秸秆糖化处理的酶在自然界广泛分布。散生物代谢产生的内β–1,4–葡萄糖酶、外β–1,4–葡萄糖酶、β–葡萄糖苷酶等，近年来被应用于抽提分离食品中的有用成分、秸秆饲料消化促进、纤维的柔化和弹性提高等工艺方面。秸秆纤维用碱、磷酸、氯化锌、尿素、氨水等进行前处理，研究它们的酶糖化率变化发现，用磷酸处理的秸秆约有80%的糖化率。磷酸处理促使原料膨润和水解，有利于酶的糖化过程。同时，尿素和磷酸的组合处理将进一步提高酶的糖化作用强度。

三、秸秆洗发香波的生产技术

秸秆洗发、洗浴香波主要是利用农作物秸秆灰具有吸附异臭物质、去污的特殊功效，以保持身体清爽，其具有生产简便、成本低等特性。将农作物秸秆灰化，用热水抽提、过滤杂质或将秸秆炭灰细粉化处理，添加到香波原液中得到产品。

四、木质素黏合剂生产技术

原材料主要是农作物秸秆，抽提木质素成分和甲醛接链反应制取黏合剂。该技术生产的木质素黏合剂具有黏合强度大、耐水、成本比酚醛树酯低、生物可降解等特性。

五、秸秆陶瓷釉的生产技术

陶瓷上釉烧制过程中为了防止釉质流动现象，通常添加秸秆灰、硅石和陶土等。特别是水稻草木灰含有丰富的硅元素．陶瓷釉中添加水稻草木灰，能够得到优质白色不透明的釉彩。日本陶瓷加工研究开发了以长石为基础原料的透明釉和乳浊釉的配比组合，透明釉为长石：土灰：水稻草木灰（6：3：1）。乳浊釉为长石：土灰：水稻草木灰［（3：5）～（4：3）：3］。

六、秸秆作为纤维复合材料的工业化资源利用

1. 一次性可降解餐具生产技术

随着人们生活条件的改善，一次性的餐具及制品的用量越来越大。现在的一次性的餐具及制品多用发泡塑料制品制成，用过后变成大量的白色垃圾，造成严重的环境污染。近几年来，也有不少研究开发单位在从事这方面的研究开发工作。江西环保餐具有限责任公司以稻壳为基本原料，研究开发出了“宜良”牌一次性环保餐具及制品。其生产工艺流程为粉碎分级→搅拌→热压成型→散热消毒→包装入库。该产品具有安全、卫生、无毒、美观和实用等特点，其防水性、防油性、耐热性、耐酸性、耐碱和耐酒等指标均符合一次性餐具的要求。可在-20～150℃环境中使用。

2. 可降解型包装材料生产技术

用降解塑料代替非降解塑料，已是当今发展生态农业、促进农业可持续发展的重要途径。国内已有许多科研单位研究开发秸秆降解膜技术，并且取得了一定的成果。例如，西安建筑科技大学应用麦秸、稻草等天然植物纤维素材料为主要材料，配以安全无毒物质，开发出完全可以降解的缓冲包装材料。该产品体积小、质量轻、压缩强度高、有一定柔韧性，成本和泡沫塑料相当，低于纸和木材制品，在自然环境中 1 个月可以全部降解成有机肥。

第十章　秸秆收获贮运技术

第一节　玉米机械化收获

一、收获方法

由于玉米收获时籽粒含水量高达22%~28%，甚至更高，收获时不能直接脱粒，所以一般采取分段收获的方法。第一段收获是指直接带苞皮或剥皮摘穗，并进行秸秆处理；第二段是指将玉米果穗在地里或场上晾晒风干后脱粒。玉米机械化收获大致可分以下两种形式。

1. 联合收获

用玉米联合收获机，一次完成摘穗、剥皮、集穗，或摘穗、剥皮，但此时籽粒湿度不宜过高，同时进行茎秆处理（切段黄贮或粉碎还田）等项作业。其工艺流程：摘穗→剥皮→秸秆处理3个连续的环节。

2. 半机械化收获

用割晒机将玉米割倒、放铺，经几天晾晒后，籽粒湿度降到20%以下，用机械或人工摘穗、剥皮，然后运至场上，经晾晒后脱粒；秸秆处理（切段黄贮或粉碎还田）。

二、技术性能指标

玉米机械化收获机需达到如下技术性能指标：收净率≥

95%；果穗损失率<3%；籽粒破碎率<1%；果穗含杂率<5%；还田茎秆切碎合格率>95%；留茬高度≤40cm；使用可靠性>90%。

三、技术实施要点

（1）实施秸秆黄贮的玉米要适时进行收获，尽量在秸秆发干变黄前进行收获作业（此时秸秆的营养成分和水分利于黄贮）。

（2）实施秸秆还田的玉米收获尽量在籽粒成熟后间隔3~5d再进行收获作业，这样玉米的籽粒更加饱满，籽粒的含水量低，有利于剥皮作业。秸秆变黄，水分降低更利于将秸秆粉碎，可以相对减少功率损耗。

（3）根据地块大小和种植行距及作业质量要求选择合适的机具，作业前制定好具体的收获作业路线。

四、收获注意事项

（1）收获前半个月，应对玉米各个地块成熟度、倒伏程度、种植密度和行距、果穗的下垂度、最低结穗高度等情况，做好田间调查，并提前制订作业计划。

（2）提前5d平整田块中的沟渠，并在水井、电杆拉线等不明显障碍上设置明显标志，以利安全作业。

（3）收获机械检修。作业前应进行试收获，调整机具，达到农艺要求后，方可投入正式作业。玉米联合收获机均为对行收获，作业时其割道要对准玉米行，以减少掉穗损失。

（4）机械作业前应适当调整摘穗辊（或摘穗板）间隙，以减少籽粒破碎；作业中，注意果穗升运过程中的流畅性，以免被卡住、造成堵塞；随时观察果穗箱的充满程度，及时倾卸果穗，以免果满后溢出或卸粮时卡堵现象。

（5）正确调整秸秆还田机的作业高度，以保证留茬高度小于10cm，以免刀具因打土而损坏。

(6) 安装除茬机时，应确保除茬刀具的入土深度，保持除茬深浅一致，以保证作业质量。

五、机具操作规程

拖拉机启动前，必须将变速手柄及动力输出手柄置于空挡位置。启动发动机，检查拖拉机各部分运转是否正常，低速运转收获机，检查各部件运转情况。机组在运输过程中，必须将割台和秸秆还田装置提升至运输状态，并注意道路的宽度和路面状况。拖拉机起步、接合动力、转弯、倒车时，要先鸣喇叭，观察机组前后左右的状况，并提醒多余人员离开。接合动力要平稳，油门由小到大逐步提高，确保运输和生产作业的安全。

第二节　秸秆贮存

目前，秸秆收集后贮存方式主要有三种：直接收集、建立秸秆收购站和秸秆贮存中心料场。直接收集是指农户自己把收集好的秸秆运送至秸秆利用厂，然后统一收购、加工和贮存；建立秸秆收购站是指按照农作物秸秆的资源分布情况，划分出若干收购区，在每个收购区内设立秸秆收购站，农户将秸秆从地里收集起来后，送到就近的秸秆收购站，由收购站将稻秆切碎、打捆，再运送至秸秆利用厂；建立中心料场是指由秸秆利用厂建立、管理，离秸秆利用厂距离比较近，占地面积很广阔的料场，农户或秸秆收购人将农作物秸秆运送到中心料场。

一、分散贮存

为了减少对成形燃料厂的建设投资，厂区贮存秸秆的库房及场地不宜设置过大。大部分的秸秆原料应由农户分散收集、分散存放。应该充分利用经济杠杆的作用，将秸秆原料折合为成形燃料价格的一部分，或者采用按比例交换的方式，鼓励成形燃料用户主动收集作物秸秆等生物质原料。例如，可按农户每天使用的成形燃料量估算出全年使用总量，按原料单位产成形燃料量折算出该农户全年的秸秆使用量，然后根据燃料厂对原料的质量和品种要求，让农户分阶段定量向燃料厂提供秸秆等生物质原料。

二、集中贮存

燃料厂将从农户收集来的秸秆等生物质原料集中贮存在库房或码垛堆放在露天场地。

三、具体秸秆贮存建设和运行的工艺流程

1. 项目选址

秸秆收贮站选址应该根据其规模、收贮量、城镇总体规划及秸秆分布、可供应量综合选择，并结合选址的自然环境条件、建设条件等因素，经过技术经济综合评价后确定。

秸秆收贮站选址应遵循贮存安全、调运方便的原则，地理位置应处于区域农作物种植中心，场地平整、靠近主要运输公路、水电供应方便、且远离火源、易燃易爆厂房和库房等，同时用地符合国家土地政策。

2. 规模与建设内容

秸秆综合利用企业应根据自身情况，合理规划建设秸秆贮存场。贮存场规模应满足企业实际生产的需求。收贮站的建设可通过当地适合的秸秆收贮运模式、秸秆收集量、与秸秆利用厂的运输距离等综合确定。

3. 运营与维护

秸秆贮存场宜根据实际需要，配备秸秆全水分、灰分等必

要的检验仪器设备，以及地磅、叉车、码垛机等设备设施。贮存场四周应当设置围墙或铁丝网。

秸秆堆垛的长边应与当地常年主导风向平行。秸秆堆垛后，要定时测温。当温度上升到40～50℃时，要采取预防措施，并做好测温记录；当温度达到60～70℃时，必须拆垛散热，并做好防火准备。

水稻秸秆、小麦秸秆等易发生自燃的秸秆，堆垛时需留有通风口或散热洞、散热沟，并采取防止通风口、散热洞塌陷的措施。当发现堆垛出现凹陷变形或有异味时，要立即拆垛检查，清除霉烂变质的秸秆。

四、注意事项

（1）农作物脱粒后，秸秆的水分仍然很高，不及时晾晒极易腐烂而无法再利用。在使用打捆机或其他秸秆收获设备收集秸秆，有条件的应使秸秆在田间晾晒几天，能够控制秸秆的水分。为防止打好捆的秸秆霉变，影响秸秆利用，方捆打捆水分一般不能超过35%，圆捆水分一般不能超过40%，气温在零下时打捆作业可不用考虑秸秆含水量。

（2）秸秆的搬运需要考虑输送距离、投资费用、运行及维护费用等。我国秸秆较分散，收集半径大，所以运输费用不得不考虑。

（3）贮存场必须设置防火警示标识，按照有关规定设置消防水池、消火栓、灭火器等消防设施和消防器材，并放置在标识明显、便于取用的地点，由专人保管和维修。对进入其经营范围的人员进行防火安全宣传等。

贮存场在寒冷季节应采取防冻措施。消防用水可以由消防管网、天然水源、消防水池、水塔等供给。有条件的，宜设置高压式或临时高压给水系统。

第三节 秸秆运输

一、装载

搬运作业通常使用起重机和轮式装载机完成。

二、运输

秸秆运输可采取散装或打捆等形式，应严格按照《中华人民共和国道路交通安全法》规定，不超载、不超限，装载秸秆量占车厢容积或载质量超过80%以上，且没有与非秸秆混装、拼装等行为。

运输距离在10km以内短距离时，秸秆可采用农用车辆运输；运输距离超过10km以上时，应采用专用车辆运输。

人工收集秸秆多采用三轮车或拖车运输。由于秸秆没有进行压缩预处理，运输秸秆的量小，适合短距离运输。

打捆秸秆一般采用平板车、大型汽车或专用车运输；粉碎后采用三轮车或汽车运输。

装运秸秆的车辆，应配备一定的消防器材。秸秆在运输、停靠危险区域时，不准吸烟或使用明火。

三、秸秆运输设备

目前，国内秸秆运输包括打捆后采用平板车、大型汽车运输，以及粉碎后采用三轮车或汽车运输。其中，由于低速汽车（三轮最高车速≤50km/h；四轮≤70km/h）具有中低速度、中小吨位、中小功率、高通过性的特点，适应我国农村道路条件差、货源分散、单次运量少、运距短的运输特征，得到了广泛应用。

人工收集后的秸秆大多采用三轮车或拖车运输，这种运输方式特点是由于秸秆没有进行预处理，运输秸秆的量小，适合短距离运输。

我国秸秆较分散，收集半径大，所以秸秆资源成本不仅要考虑收集成本还要考虑运输成本。秸秆的运输成本涉及秸秆的搬运、输送距离、投资费用、运行及维护费用等。秸秆搬运作业通常使用起重机和轮式装载机完成；运输过程中还需要考虑秸秆的含水量不易过高或过低，否则秸秆在一定条件下会降解或运输中外界空气过干，产生热量甚至会引起自然。同时，要尽量减少运输过程中秸秆茎叶的损失。

主要参考文献

申锋，杨吉睿，郭海心，等，2023. 秸秆高值转化利用技术［M］. 北京：中国农业出版社.

施骏，陈娟，2008. 秸秆气化能源生产与利用［M］. 北京：中国三峡出版社.

王汝富，2014. 秸秆饲料化利用技术［M］. 兰州：甘肃科学技术出版社.

夏贤格，陈云峰，杨利，等，2022. 秸秆何处安放［M］. 北京：中国农业科学技术出版社.